U0453759

电机与电气控制基础

DIANJI YU DIANQI KONGZHI JICHU

主　编　杨清德　宋文超　杨　波
副主编　张　尧　谢利华　谭登杰
主　审　周永平
参　编　樊　迎　柯昌静　罗坤林　杨和融

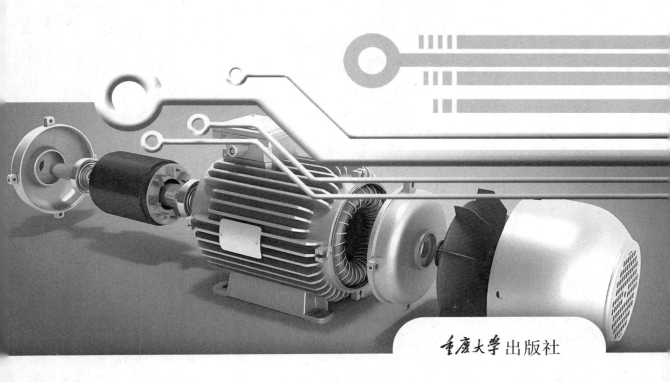

重庆大学出版社

内容提要

本书根据重庆市高等职业教育分类考试电气技术类专业综合理论考试说明的要求编写而成,内容包括低压电器与变压器、电动机基础知识、电动机电气控制电路、PLC及其应用等,并提供了大量的习题及模拟考试题。

本书与《电气技术专业技能》互为姊妹篇,共同帮助电气技术类专业中职学生完成平时的学习任务与升学迎考的复习任务。

本书可供电气技术类及相关专业对口高考班学生作为理论课教材使用,也可供中职一、二年级就业班学生使用,还可供成人教育技能培训、技能等级证考试、专项能力评价技能考核相关人员和广大电气工程技术人员使用。

图书在版编目(CIP)数据

电机与电气控制基础 / 杨清德,宋文超,杨波主编
. --重庆:重庆大学出版社,2024.5
中等职业教育电子类专业系列教材
ISBN 978-7-5689-4466-3

Ⅰ.①电… Ⅱ.①杨… ②宋… ③杨… Ⅲ.①电机学
—中等专业学校—教材 ②电气控制—中等专业学校—教材
Ⅳ.①TM3 ②TM921.5

中国国家版本馆 CIP 数据核字(2024)第 096465 号

中等职业教育电子类专业系列教材

电机与电气控制基础

DIANJI YU DIANQI KONGZHI JICHU

主 编 杨清德 宋文超 杨 波
副主编 张 尧 谢利华 谭登杰
策划编辑:陈一柳

责任编辑:张红梅 版式设计:陈一柳
责任校对:关德强 责任印制:赵 晟

*

重庆大学出版社出版发行
出版人:陈晓阳
社址:重庆市沙坪坝区大学城西路 21 号
邮编:401331
电话:(023) 88617190 88617185(中小学)
传真:(023) 88617186 88617166
网址:http://www.cqup.com.cn
邮箱:fxk@ cqup.com.cn(营销中心)
全国新华书店经销
重庆博优印务有限公司印刷

*

开本:787mm×1092mm 1/16 印张:13.75 字数:320 千
2024 年 5 月第 1 版 2024 年 5 月第 1 次印刷
印数:1—3 000
ISBN 978-7-5689-4466-3 定价:39.00 元

重庆市中职电类专业教材编写/修订委员会和成员单位

名　单

编委会主任：

　　周永平　重庆市教育科学研究院职业教育与成人教育研究所副所长、研究员

编委会副主任：

　　杨清德　重庆市垫江县职业教育中心研究员、重庆市教学专家

　　赵争召　重庆市渝北职业教育中心正高级讲师、重庆市教学专家

编委会委员(排名不分先后)：

蔡贤东	陈天婕	陈永红	程时鹏	代云香	邓亚丽	方承余	方志兵	樊　迎
冯华英	范文敏	付　玲	龚万梅	胡荣华	胡善淼	黄　勇	金远平	鞠　红
柯昌静	况建平	李　杰	李　玲	李命勤	李　伟	李锡金	李登科	李国清
练富家	廖连荣	林　红	刘晓书	卢　娜	鲁世金	罗坤林	吕盛成	马　力
倪元兵	聂广林	彭　超	彭明道	彭贞蓉	蒲　业	邱　雪	冉小平	孙广杰
宋文超	石　波	谭家政	谭云峰	唐万春	唐国雄	王　函	王康朴	王　然
王永柱	王　莉	韦采风	吴春燕	吴吉芳	吴建川	吴　炼	吴　围	吴　雄
向　娟	熊亚明	徐　波	徐立志	杨　芳	杨　鸿	杨　敏	杨卓荣	杨和融
姚声阳	易祖全	袁金刚	袁中炬	殷　菌	张　川	张秀坚	张　燕	张　尧
张正健	张　权	赵顺洪	郑　艳	周　键	周诗明			

成员单位(排名不分先后)：

重庆市教育科学研究院	重庆市渝北职业教育中心
重庆市垫江县职业教育中心	重庆市涪陵区职业教育中心
重庆市万州职业教育中心	重庆工商学校
重庆市永川职业教育中心	重庆市丰都县职业教育中心
重庆市石柱土家族自治县职业教育中心	重庆市垫江县第一职业中学校
重庆市九龙坡职业教育中心	重庆市农业机械化学校

重庆市育才职业教育中心	重庆市江南职业学校
重庆市巫山县职业教育中心	重庆市经贸中等专业学校
重庆市云阳职业教育中心	重庆市轻工业学校
重庆市梁平职业教育中心	重庆市黔江区民族职业教育中心
重庆市彭水苗族土家族自治县职业教育中心	重庆市武隆区职业教育中心
重庆市荣昌区职业教育中心	重庆市綦江职业教育中心
重庆市潼南恩威职业高级中学校	重庆市铜梁职业教育中心
重庆市龙门浩职业中学校	重庆市开州区职业教育中心
重庆市奉节职业教育中心	重庆市南川隆化职业中学校
重庆市秀山土家族苗族自治县职业教育中心	重庆市巫溪县职业教育中心
重庆市北碚职业教育中心	重庆市万盛职业教育中心
重庆市城口县职业教育中心	重庆市大足职业教育中心
重庆市潼南职业教育中心	重庆市忠县职业教育中心
重庆市梁平职业技术学校	重庆市巴南职业教育中心
重庆市涪陵第一职业中学校	重庆市酉阳职业教育中心
重庆市立信职业教育中心	重庆市璧山职业教育中心
重庆市万州高级技工学校	重庆市武隆区火炉中学校
重庆市武隆区平桥中学	重庆市綦江区三江中学
重庆市机械高级技工学校	重庆公共运输职业学校

# 前　言

2019 年,国务院印发的《国家职业教育改革实施方案》提出:建立"职教高考"制度,完善"文化素质+职业技能"的考试招生办法。所谓职教高考,通俗地讲,就是中职生可以升学,可以考专科,考本科,大学毕业还可以考研究生。中职教育从单纯"以就业为导向"转变为"就业与升学并重",这是中职教育未来发展的定位和方向。要拓展中职学生的成长空间,让中职学生就业有能力、升学有优势、发展有通道,提升中职教育认可度,就应当发挥职教高考的积极作用,理直气壮地走好"职教高考"这条路。为此,重庆市中职学校电类专业中心教研组和重庆市教学专家杨清德工作室组织工作室成员及市内优质学校骨干教师编写了本书,以帮助学生夯实专业理论知识,提升学生对电气技术的理解和应用能力。

本书是电气技术专业核心课程的理论课教材,具有如下特点:

1.基础为本,紧扣考点。本书根据重庆市高等职业教育分类考试电气技术类专业综合理论考试说明的要求编写,以学生为本,能力为上,力求对教学重点、难点及学生容易混淆的知识点进行系统的学习辅导与点拨。

2.理实一体,知行合一。本书在内容选择上以电气技术类专业理论考试的能力要求为出发点,先从低压电器与变压器的认识到低压电器与变压器的应用,再从交直流电动机基础知识到三相异步电动机电气控制线路的分析与应用,最后介绍了PLC的基础知识及其应用,理论与实践相结合,力求通过模块化教学手段,在有限的教学时间内,让学生掌握电气控制的基础知识和基本技能,突出实用性、可操作性和通用性。

3.学练结合,强化理解。本书提供了大量习题及模拟考试题,旨在通过学练结合,更加明确知识中的重点,更深刻明晰知识中的难点,帮助学生进一步强化和理解电动机电气控制知识体系中的相关概念。

本书设计的教学学时为96学时(含机动6学时),其分配见下表:

序号	内容	建议学时	机动
第1章	低压电器与变压器	12	1
第2章	电动机基础知识	16	2
第3章	电动机电气控制电路	26	1
第4章	PLC及其应用	20	1

续表

序号	内容	建议学时	机 动
第 5 章	模拟考试题	16	1
合计		90	6

　　本书由杨清德、宋文超、杨波担任主编,由张尧、谢利华、谭登杰担任副主编,由周永平担任主审,其中,第 1 章由宋文超、樊迎编写,第 2 章由谭登杰、柯昌静编写,第 3 章由杨波、罗坤林编写,第 4 章由谢利华、杨清德编写,第 5 章由张尧、杨和融编写。全书由杨清德负责制定编写大纲并统稿。

　　本书与电气技术类专业技能核心课教材《电气技术专业技能》(杨清德、彭超、樊迎主编,重庆大学出版社出版)互为姊妹篇,共同帮助电气技术类专业学生完成平时的学习任务与升学迎考的复习任务。

　　本书可供电气技术类及相关专业对口高考班学生作为理论课教材使用,也可供中职一、二年级就业班学生使用,还可供成人教育技能培训、技能等级证考试、专项能力评价技能考核相关人员和广大电气工程技术人员使用。

　　本书如阶梯,可助你步步向上;本书如山峰,可助你一览远方;本书如承载梦想的风帆,可助你在知识的海洋畅游。

　　由于编者水平有限,书中难免存在缺漏和错误,恳请读者批评指正,意见反馈至杨清德主编的邮箱 370169719@ qq.com,以利于我们改进和提高。

编 者

2024 年 1 月

Contents 目录

第1章

低压电器与变压器

【学习目标】

1.了解常用低压电器的种类及结构。

2.掌握常用低压电器的作用和使用方法。

3.熟记常用低压电器的电路图形和文字符号。

4.了解变压器的基本结构与工作原理。

5.掌握变压器的相关计算。

1.1 常用低压电器

用于接通和断开电路或对电路和电气设备进行保护、控制和调节的电工器件称为电器。工作在交流 1 200 V 及以上或直流 1 500 V 及以上电路中的电器称为高压电器,而用于交流 1 200 V 以下或直流 1 500 V 以下电路中的电器称为低压电器。本章只介绍低压电器。

1.1.1 低压电器基本知识

1) 低压电器的基本结构

低压电器一般有两个基本部分:感测部分和执行部分。感测部分用来感测外界的信号,作出有规律的反应,在自控电器中,感测部分大多由电磁机构组成,在受控电器中,感测部分通常为操作手柄等。执行部分,如触点,用于根据指令进行电路的接通或断开。

2) 低压电器的作用

低压电器能够依据操作信号或外界现场信号的要求,自动或手动改变电路的状态、参数,实现对电路或被控对象的控制、保护、测量、指示、调节的作用。

3) 低压电器的分类

低压电器的种类繁多,分类方法也很多,常见的分类方法如表 1-1 所示。

表 1-1 低压电器的分类

分类方法	类别	说明
按用途分类	配电电器	主要用于供配电系统中实现对电能的输送、分配和保护,如熔断器、断路器、刀开关及保护继电器等
	控制电器	主要用于生产设备自动控制系统中对设备进行控制、检测和保护,如接触器、控制继电器、主令电器、起动器、电磁阀等
按动作方式分类	手动电器	主要依靠外力直接操作进行切换的电器,如按钮开关、低压开关、转换开关等
	自动电器	主要依靠电器本身参数的变化或外来信号的作用,自动完成接通或断开等动作的电器,如接触器、中间继电器、热继电器等

续表

分类方法	类别	说明
按执行机构分类	有触点电器	具有可分离的动触点和静触点,主要利用触点的接触和分离来实现电路的通断控制,如接触器、中间继电器等
	无触点电器	没有可分离的触点,主要利用半导体元件的开关效应来实现电路的通断控制,如接近开关、固态继电器等

4)低压电器的基本参数

(1)额定电压(额定工作电压)

能保证低压电器在规定条件下长期正常工作的电压值称为额定电压,通常是指主触点的额定电压。有电磁机构的控制电器还规定了吸引线圈的额定电压。

(2)额定电流(额定工作电流)

能保证电器在具体的使用条件下正常工作的电流值称为额定电流。额定电流与规定的使用条件(电压等级、电网频率、工作制、使用类别等)有关,同一电器在不同使用条件下有不同的额定电流等级。

(3)通断能力

通断能力是指低压电器在规定的条件下能可靠接通和断开的最大电流。通断能力与电器的额定电压、负载性质、灭弧方法等有很大关系。

(4)电器寿命

电器寿命是指低压电器在规定条件下、在不需要维修或更换零件时负载的操作循环次数。

(5)机械寿命

机械寿命是指低压电器在需要维修或更换机械零件前所能承受的空载操作次数。

1.1.2　手动低压电器

常用的手动低压电器有刀开关、组合开关、倒顺开关、主令电器等。

1)刀开关

刀开关又名闸刀,是一种带有动触头(闸刀),并通过它与底座上的静触头(刀夹座)相契合(或分离),以接通(或断开)电路的开关。常用的刀开关有开启式负荷开关、封闭式负荷开关,还有将刀开关和熔断器合二为一组成具有一定接通分断能力和短路分断能力的组合式电器,用于开关屏或开关柜上。

(1)开启式负荷开关

开启式负荷开关又称瓷底胶盖刀开关,其外形如图1-1所示,它是一种结构简单、价格便宜、应用广泛的手动操作电器。开启式负荷开关主要用作电源隔离开关和小容量电动机不频繁起动与停止的控制电器。

①外形结构与组成。

开启式负荷开关由操作手柄、静触点(触点座)、动触点(触刀片)、瓷底座、出线座、胶盖和熔断器组成,如图 1-2 所示。胶盖的作用是使电弧不致飞出灼伤操作人员,防止极间电弧短路;熔体俗称保险丝,对电路起短路保护作用。

开启式负荷开关有单刀(单极)式、两刀(两极)式、三刀(三极)式及三刀带熔断器式。开启式负荷开关的电气符号如图 1-3 所示。

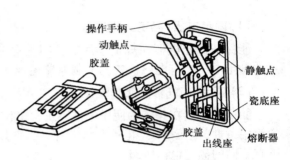

图 1-1　开启式负荷开关的外形　　　　图 1-2　开启式负荷开关的结构

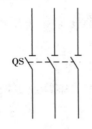
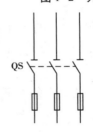

（a）三刀式　　　　（b）三刀带熔断器式

图 1-3　开启式负荷开关的电气符号

②型号及含义。

开启式负荷开关的型号及含义如图 1-4 所示。

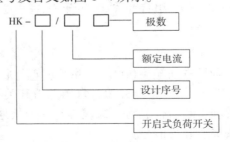

图 1-4　开启式负荷开关的型号及含义

③选用。

常用的开启式负荷开关型号有 HK-1、HK-2、HK-4 和 HK-8 等系列。

开启式负荷开关适用于交流 50 Hz,额定电压单相 220 V 或三相 380 V(交流),额定电流 10~100 A 的电路,作不频繁地手动接通和分断交、直流电路或隔离开关用。产品型号有 HD(单投)和 HS(双投)等系列。

a.额定电压选择:开启式负荷开关的额定电压要大于或等于线路实际的最高电压。

b.额定电流选择:当作隔离开关使用时,开启式负荷开关的额定电流要等于或稍大于线路实际的工作电流。当直接用其控制小容量(小于 5.5 kW)电动机的起动和停止时,则需要选择额定电流为电动机额定电流 2~3 倍的开启式负荷开关。

④安装及操作注意事项。

a.安装时,手柄要向上,不得倒装或平装。如果倒装,手柄有可能因为振动而自动下落造成误合闸,另外分闸时可能被电弧灼伤手。

b.接线时,应将电源线接在上端(静触点),负载线接在下端(动触点),这样,拉闸后开启式负荷开关与电源隔离,便于更换熔体。

c.拉闸与合闸要迅速,一次拉合到位。

(2)封闭式负荷开关

①外形结构与组成。

封闭式负荷开关(图 1-5)也称铁壳开关,主要用于配电电路,作电源开关、隔离开关和应急开关之用;在控制电路中,也可用于 28 kW 以下三相异步电动机的不频繁起动。

封闭式负荷开关主要由钢板外壳、动触点(触刀)、静触点(夹座)、速断弹簧、熔断器及灭弧机构等组成,如图 1-6 所示。

图 1-5 封闭式负荷开关的外形

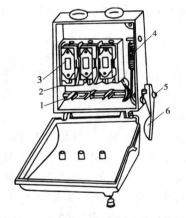

图 1-6 封闭式负荷开关的结构
1—动触点(触刀);2—静触点;3—熔断器;
4—速断弹簧;5—转轴;6—手柄

②型号及含义。

封闭式负荷开关的型号及含义如图 1-7 所示。

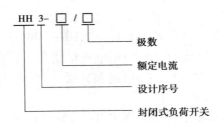

图 1-7　封闭式负荷开关的型号及含义

③选用。

一般要求:封闭式负荷开关的额定电压应不小于工作电路的额定电压;额定电流应等于或稍大于电路的工作电流。

特殊要求:用于控制电动机工作时,考虑到电动机的起动电流较大,应使开关的额定电流不小于电动机额定电流的 3 倍。

目前,封闭式负荷开关的使用呈现逐步减少的趋势,取而代之的是大量使用低压断路器。

④安装及操作注意事项。

a.封闭式负荷开关必须垂直安装于无强烈震动和冲击的场合,安装高度一般离地不低于 1.3 m,外壳必须可靠接地。

b.接线时,应将电源进线接在静触点一边的接线端子上,负载引线接在熔断器一边的接线端子上,且进出线都必须穿过开关的进出线孔。

c.在进行分合闸操作时,要站在开关的手柄侧,不能面对开关,以免因意外故障电流使开关爆炸,铁壳飞出伤人。

常用的封闭式负荷开关型号有 HH3、HH4、HH10、HH11 等系列。

2) 组合开关

组合开关又称转换开关,在电气控制线路中,常作为电源引入开关,可直接起动或停止 5 kW 以下小功率电动机或不频繁控制切换电动机正反转。

①外形结构与组成。

组合开关由动触点(动触片)、静触点(静触片)、转轴、手柄、定位机构及外壳等部分组成。其动触点、静触点分别叠装于数层绝缘垫板之间,各自附有连接线路的接线柱。当转动手柄时,每层的动触点随方形转轴一起转动,从而实现对电路的接通和断开控制。

在组合开关的内部有 3 对静触点,分别用 3 层绝缘板相隔,各自附有连接线路的接线桩,3 个动触点互相绝缘,与各自的静触点对应,套在共同的绝缘杆上,绝缘杆的一端装有操作手柄,手柄每次转动 90°,即可完成 3 组触点之间的开合或切换。开关内装有速断弹簧,用以加速开关的分断速度。

由于组合开关采用了弹簧储能合闸、分闸操作机构,因此,触点的动作速度与手柄速度无关。

组合开关的外形、结构与电气符号,如图 1-8 所示。

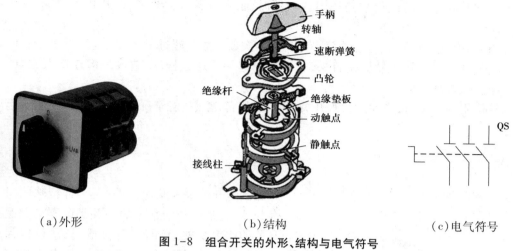

| （a）外形 | （b）结构 | （c）电气符号 |

图 1-8 组合开关的外形、结构与电气符号

②型号及含义。

组合开关的型号及含义如图 1-9 所示。

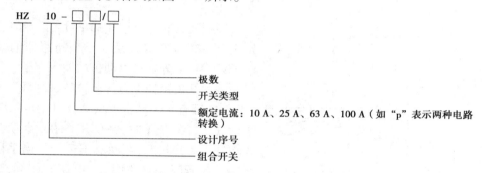

图 1-9 组合开关的型号及含义

③选用。常用的组合开关型号有 HZ5、HZ10 和 HZ15 等系列,而 3LB、3ST 等系列为引进产品。组合开关的通断能力较低,故不可用来分断故障电流。当用于电动机可逆控制时,必须在电动机完全停转后才允许反向接通。组合开关结构紧凑、操作安全、可靠性较好,目前仍在许多电气设备中被广泛采用。

a.当用于一般照明、电热电路时,其额定电流应大于或等于被控电路的负载电流总和。

b.当用作设备电源引入开关时,其额定电流稍大于或等于被控电路的负载电流总和。

c.当用于直接控制电动机时,其额定电流一般可取电动机额定电流的 2~3 倍。

④安装及操作注意事项。

a.HZ10 系列组合开关应安装在控制箱(或壳体)内,其操作手柄最好在控制箱的前面或侧面。开关为断开状态时应使手柄处于水平位置。

b.组合开关的通断能力较低,故不能用来分断故障电流。当用于控制电动机作可逆运转时,必须在电动机完全停止转动后才允许反向接通。

c.当操作频率过高或负载功率因数较低时,组合开关要降低容量使用,否则影响开关寿命。

d.在使用时应注意,组合开关每小时的转换次数一般不超过 15~20 次。

e.经常检查开关固定螺钉是否松动,以免引起导线压接松动,造成外部连接点放电、打火、烧蚀或断路。

f.检修组合开关时,应注意检查开关内部的动、静触点接触情况,以免造成内部接点起弧烧蚀。

3) 倒顺开关

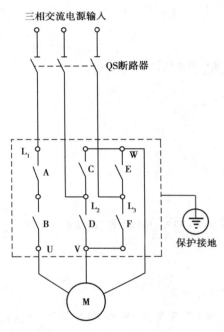

图 1-10 倒顺开关工作原理图

倒顺开关也称顺逆开关,是一种特殊的组合开关,也是一种较常见的开关类电器。倒顺开关的作用是连通、断开电源或负载,可以使电机正转或反转,主要作单相、三相电动机正反转用的电气元件。倒顺开关的工作原理如图 1-10 所示。

倒顺开关有 6 个接线端子:L_1、L_2 和 L_3,分别接三相交流电源或经过小型断路器的输出端子;U、V、W 分别接电动机的输入端子。

倒顺开关手柄上有 3 个位置,即"顺""停""倒",内部有 6 个动合触头 A、B、C、D、E、F,当手柄处于"停"位置时,倒顺开关的 6 个动合触头均处于断开状态,电动机不运行。当手柄拨至"顺"位置时,动合触头 A、B、D、E 闭合,线路接通,电动机与三相交流电源形成完整回路,得电,开始正转运行。当手柄拨至"倒"位置时,动合触头 A、B、C、F 闭合,线路与电动机的三相输入形成完整回路,得电,开始反转运行(三相交流电动机在要求反转时,只需要改变两相相线的相序,即可以改变方向运行)。

这种结构的倒顺开关,无论在什么情况下,都必须经过中间"停"的位置,才能够改变方向运行,这样可避免操作不当产生故障而烧坏电机线圈。

4) 主令电器

主令电器是用来发布命令、改变控制系统工作状态的电器,它可以直接作用于控制电路,也可以通过电磁式电器的转换对电路实现控制,其常用的主令电器有控制按钮、行程开关等。

（1）控制按钮

控制按钮简称按钮,在低压控制电路中用于手动发出控制信号及远距离控制接通分断5 A以下的小电流电路。

按钮按用途和触点结构的不同,可分为起动按钮、停止按钮和复合按钮3种。为了标明各按钮开关的作用,避免误操作,按钮帽常做成红、绿、黄、蓝、黑、白、灰等颜色。有的按钮需用钥匙插入才能进行操作,有的按钮帽中还带指示灯。常用按钮的外形如图1-11所示,按钮的结构和电气符号如图1-12所示。

图1-11　常用按钮的外形

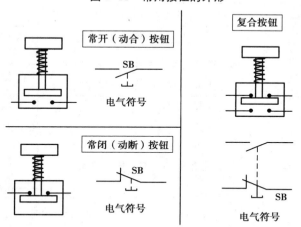

图1-12　按钮的结构及电气符号

①基本结构和动作原理。

按钮一般由操作头(按钮帽)、复位弹簧、桥式动触点、静触点、支柱连杆及外壳等组成。当外力向下压动操作头时,操作头带动动触点向下运动,使动断触点断开,动合触点闭合,此时弹簧被压缩。当外力取消时,在(复位)弹簧反作用力的作用下,按钮恢复到原状态。

按钮按不受外力作用时触点的分合状态,可分为动合按钮、动断按钮和复合按钮。

　　a.动合按钮。未按下时,触点是断开的;按下时,触点闭合;当松开后,按钮自动复位。例如,起动按钮。

　　b.动断按钮。未按下时,触点是闭合的;按下时,触点断开;当松开后,按钮自动复位。例如,停止按钮。

　　c.复合按钮。将动合按钮和动断按钮组合为一体。按下复合按钮时,其动断触点先断开,然后动合触点再闭合;而松开时,动合触点先断开,然后动断触点再闭合。

　　②型号及含义,如图1-13所示。

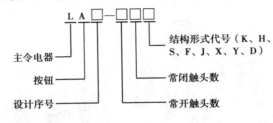

图1-13　按钮的型号及含义

　　③按钮颜色的含义。

　　为了便于认识各种按钮,避免误操作,通常用不同的颜色和符号来区分按钮,按钮颜色的含义如表1-2所示。

表1-2　按钮颜色的含义

颜色	含义	说明	适用场合
红	紧急	危险或紧急情况时操作	急停
黄	异常	异常情况时操作	干预、制止异常情况
绿	安全	安全情况或为正常情况准备时操作	起动/接通
蓝	强制性	要求强制动作情况下操作	复位功能
白	未赋予特定含义	除急停外的一般功能的起动	起动/接通(优先) 停止/断开
灰			起动/接通 停止/断开
黑			起动/接通 停止/断开(优先)

　　④选用方法。

　　a.根据使用场合选择按钮的种类,如开启式、保护式、防水式和防腐式等。

　　b.根据用途选择合适的形式,如手把旋钮式、钥匙式、紧急式和带灯式等。

　　c.根据控制回路的需要确定不同组合的按钮,如单钮、双钮、三钮和多钮等。

　　d.根据工作状态指示和工作情况要求,选择按钮和指示灯的颜色(参照国家有关标准)。

　　e.核对按钮额定电压、额定电流等指标是否满足要求。

　　常用控制按钮的型号有 LA4、LA10、LA18、LA19、LA20 和 LA25 等系列。

(2) 行程开关

　　行程开关又称限位开关或位置开关,是一种常用的小电流主令电器。利用生产机械运动部件的碰撞使其触头动作来实现接通或分断控制电路,达到一定的控制目的。通常,这类开关被用来限制机械运动的位置或行程,使运动机械按一定位置或行程自动停止、反向运动、变速运动或自动往返运动等。

　　JLXK1 系列行程开关的外形和结构如图 1-14 所示。行程开关的电气符号如图 1-15 所示。

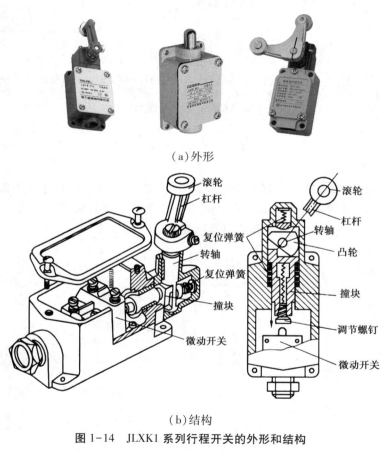

(a)外形

(b)结构

图 1-14　JLXK1 系列行程开关的外形和结构

(a)常开触点　　　(b)常闭触点　　　(c)复合触点

图 1-15　行程开关的电气符号

①基本结构。

行程开关的种类很多,但基本结构与控制按钮相仿,主要由三部分组成:触点部分、操作部分和反力系统。根据操作部分运动特点的不同,行程开关可分为直动式、滚轮式、微动式(图 1-16)以及能自动复位和不能自动复位等。

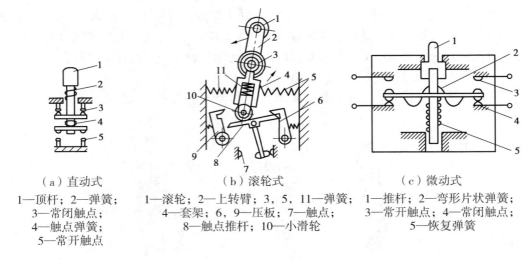

（a）直动式
1—顶杆；2—弹簧；
3—常闭触点；
4—触点弹簧；
5—常开触点

（b）滚轮式
1—滚轮；2—上转臂；3, 5, 11—弹簧；
4—套架；6, 9—压板；7—触点；
8—触点推杆；10—小滑轮

（c）微动式
1—推杆；2—弯形片状弹簧；
3—常开触点；4—常闭触点；
5—恢复弹簧

图 1-16 行程开关的结构

②工作原理。

行程开关的工作原理与控制按钮相同,不同之处在于行程开关是利用机械运动部件的碰撞使其动作;按钮则是通过人力使其动作。常用的行程开关有撞块式(直线式)和滚轮式。滚轮式又分为自动恢复式和非自动恢复式。

③型号及含义。

行程开关的型号及含义如图 1-17 所示。

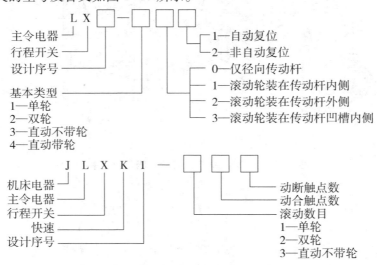

图 1-17 行程开关的型号及含义

③漏电保护低压断路器。

漏电保护低压断路器外形如图 1-19 所示,本质上是装有漏电保护元件的塑料外壳式低压断路器。常用于城乡、厂矿、企事业单位及家庭的漏电保护。常见的漏电保护低压断路器有 DZL18、DZ20L、DZ47 等系列。

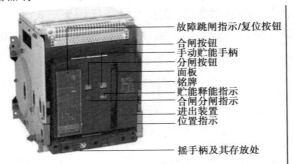

（a）万能断路器面板示意图

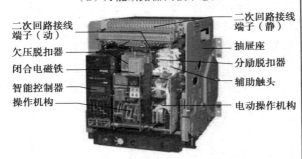

（b）万能断路器内部结构图

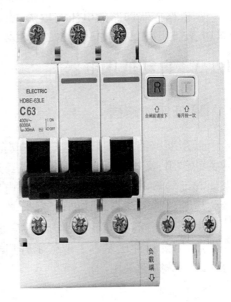

（c）DZ47 系列带漏电

图 1-19　漏电保护低压断路器

（2）基本结构

虽然低压断路器外形各异,但其基本结构大体相同。

①触点系统。

触点系统用于接通和断开电路。触点的结构形式有对接式、桥式和插入式 3 种,一般采用银合金材料和铜合金材料制成。

②灭弧系统。

由于断开主电路时,主触点间产生的电弧很强烈,为了加快电弧的熄灭,加装了灭弧系统。灭弧系统有多种结构形式,常用的灭弧方式有窄缝灭弧和金属栅灭弧。

③操作机构。

操作机构用于实现断路器的闭合与断开,有手动操作机构、电动操作机构、电磁操作机构等。

④脱扣器（保护装置）。

脱扣器是断路器的感测元件,用来感测电路特定的信号（如过电压、过电流等）,电路一旦出现非正常信号,相应的脱扣器就会动作,通过联动装置使断路器自动跳闸切断电路。

脱扣器的种类很多,有电磁脱扣、热脱扣、自由脱扣和漏电脱扣等。电磁脱扣又分为过电流脱扣、欠电流脱扣、过电压脱扣、欠电压脱扣和分励脱扣等。

⑤外壳或框架。

外壳或框架是断路器的支持件,用来安装断路器的各个部分。

(3)工作原理

通过手动或电动等操作机构可使断路器合闸,从而使电路接通。当电路发生故障(短路、过载、失压、欠电压等)时,脱扣装置可使断路器自动跳闸,达到故障保护的目的。

这里以低压断路器 DZ5 系列为例介绍其工作原理,如图 1-20(a)所示。低压断路器的电气符号如图 1-20(b)所示。

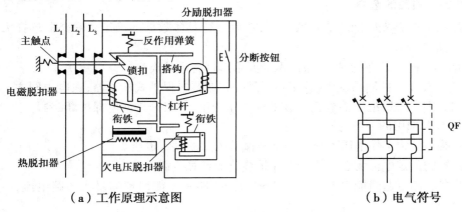

（a）工作原理示意图　　　　　（b）电气符号

图 1-20　低压断路器工作原理和电气符号

①3 对主触点串联在被控制的三相主电路中。当按下接通按钮时,通过操作机构由锁扣勾住搭钩,克服弹簧的反力使三相主触点保持闭合状态。

②电路工作正常时,电磁脱扣器的线圈所产生的电磁吸力不能将衔铁吸合,主触点保持闭合。

③电路发生短路故障时,通过电磁脱扣器线圈的电流增大,产生的电磁力增加,将衔铁吸合,并撞击杠杆将搭钩往上顶,使其与锁扣脱钩,在弹簧的作用下,将主触点断开,切断电源,起短路保护作用。

④电路中电压不足(小于额定电压 85%)或失去电压时,欠电压脱扣器的吸力减小或消失,衔铁被弹簧拉开撞击杠杆,使搭钩顶开,切断电路,起到欠压保护作用。

⑤电路中发生过载时,过载电流流过热脱扣器的热元件,使双金属片发热弯曲,将杠杆上顶,使搭钩脱钩,在弹簧作用下,3 对主触点断开,切断电源,起到过载保护作用。

⑥需手动分断电路时,按下分断按钮即可。

(4)型号及含义

低压断路器的型号及含义如图 1-21 所示。

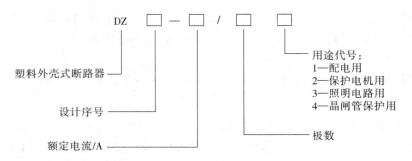

图 1-21 低压断路器的型号及含义

(5)低压断路器的选用

选用断路器时首先确定断路器的类型,然后进行具体数据的确定。断路器选择大致可按以下步骤进行。

①根据具体使用条件、保护对象的保护要求选择合适的类型。

一般在电气设备控制系统中,选用塑料外壳式或漏电保护式断路器;在电力网主干线路中,主要选用框架式断路器;在建筑物的配电系统中,一般采用漏电保护断路器。

②具体数据选用的一般通则。

a.断路器的额定工作电压大于或等于被保护线路的额定电压。

b.断路器的额定电流大于或等于被保护线路的计算负载电流。

c.断路器的额定通断能力大于或等于被保护线路中可能出现的最大短路电流,一般按有效值计算。

d.脱扣器的整定电流应按所控制的负载的电流来选择。整定电流应等于或大于负载电流。DZ5-20 型低压断路器的技术参数如表 1-3 所示。

表 1-3 DZ5-20 型低压断路器的技术参数

型号	额定电压/V	主触点额定电流/A	极数	脱扣器形式	热脱扣器额定电流(整定电流调节范围)/A	电磁脱扣器瞬时动作整定值/A
DZ5-20/330 DZ5-20/230 DZ5-20/320 DZ5-20/220 DZ5-20/310 DZ5-20/210 DZ5-20/300 DZ5-20/200	交流 380 直流 220	20	3	复式	0.15(0.10~0.15)	为电磁脱扣器额定电流的8~12倍(出厂时整定于10倍)
			2		0.20(0.15~0.20)	
					0.30(0.20~0.30)	
			3	电磁式	1(0.65~1)	
					1.5(1~1.5)	
			2		2(1.5~2)	
					4.5(3~4.5)	
			3	热脱扣器样式	10(6.5~10)	
					15(10~15)	
			2		20(15~20)	
			3	无脱扣器式		
			2			

2) 熔断器

低压熔断器俗称保险丝,当电流超过限定值时借熔体熔化来分断电路,是一种用于对线路或设备进行过载和短路保护的电器。多数熔断器为不可恢复性产品(可恢复熔断器除外),损坏后应用同规格的熔断器更换。

熔断器结构简单,使用方便,广泛用于电力系统、各种电工设备和家用电器中作为过载和短路的保护器,是应用最普遍的保护器件之一。

(1)工作原理

利用金属导体作为熔体串联于电路中,当过载或短路电流通过熔体时,因其自身发热而熔断,从而断开电路,起到保护作用,这就是熔断器的工作原理。

(2)结构与保护(熔断)特性

①结构。

熔断器主要由熔体、安装熔体的熔管和熔座三部分组成。

熔体是熔断器的核心部件,熔体材料具有相对熔点低、特性稳定、易于熔断的特点。熔体一般用铅、铅锡合金、锌、银、铝及铜等材料制成;熔体的形状有丝状、片状或网状等;熔体的熔点温度一般在 200~300 ℃。

②保护(熔断)特性。

熔断器的保护特性又称安秒特性,它表示流过熔体的电流大小与熔体熔断的时间之间的关系特性(表1-4)。熔断器的安秒特性为反时限特性,即熔断器的熔断时间随流过熔体电流的增加而迅速减小。

表1-4　熔断器的熔断电流与熔断时间的数值关系

熔断电流 I_N/A	1.25~1.3	1.6	2	2.5	3	4
熔断时间/s	∞	3 600	40	8	4.5	2.5

由表1-4可知,熔断器对过载反应是不灵敏的。当电气设备发生轻度过载时,熔断器将持续较长时间才熔断,因此,除用在照明电路中外,熔断器一般不宜作为过载保护,主要作为短路保护。

(3)类型

熔断器的种类很多,可分为半封闭插入式熔断器、螺旋式熔断器、有填料封闭管式熔断器、无填料封闭管式熔断器、有填料管式快速熔断器、电子熔断器和自复熔断器等。

①半封闭插入式熔断器。

半封闭插入式熔断器也称瓷插式熔断器,其结构如图1-22所示,由瓷底座和瓷插件两部分构成,熔体安装在瓷插件内。熔体通常用铅锡合金或铅合金等制成。

半封闭插入式熔断器结构简单、价格低廉、体积小、带电更换熔体方便,且具有较好的保护特性,曾长期在中小容量的控制电路和小容量低压分支电路中广泛使用。但由于其安全可靠性较差,目前已基本上被其他类型的熔断器取代。半封闭插入式熔断器接线时要注意,电源进线接在瓷底座接线端上,负载线接在下接线端上。

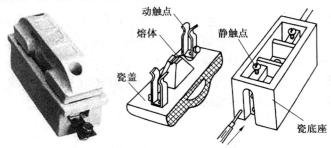

图 1-22 半封闭插入式熔断器

半封闭插入式熔断器常用的型号有 RC1A 系列,其额定电压为 380 V,额定电流有 5 A、10 A、15 A、30 A、60 A、100 A 和 200 A 等 7 个等级。

②螺旋式熔断器。

螺旋式熔断器的外形和结构如图 1-23 所示。它由瓷底座、瓷帽、瓷套和熔体组成。熔体安装在熔断器的瓷质熔管内,熔管内部充满起灭弧作用的石英砂。螺旋式熔断器是一种有填料的封闭管式熔断器,结构较半封闭插入式熔断器复杂。

（a）外形   （b）内部结构

图 1-23 螺旋式熔断器

螺旋式熔断器具有较好的抗震性能,灭弧效果与断流能力均优于半封闭插入式熔断器,被广泛用于机床电气控制设备中。

螺旋式熔断器接线时要注意,电源进线接在瓷底座下接线端上,负载线接在与金属螺纹壳相连的上接线端上。

③有填料封闭管式熔断器。

有填料封闭管式熔断器的结构如图 1-24 所示。这种填料在熔体熔化时能迅速吸收电弧能量,使电弧很快熄灭。

有填料封闭管式熔断器具有熔断迅速、分断能力强、无声光现象等良好性能,但结构复杂、价格昂贵,主要用于供电线路及要求分断能力较高的配电设备中。常用有填料封闭管式熔断器的型号有 RT0、RT12、RT14、RT15、RT16 等系列。

④无填料封闭管式熔断器。

无填料封闭管式熔断器由夹座、熔断管和熔体等组成,其主要型号有 RM10 系列等,如图 1-25 所示。

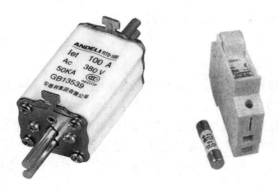

图 1-24 有填料封闭管式熔断器

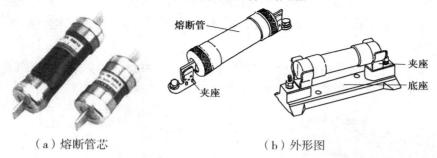

（a）熔断管芯　　　　　　　（b）外形图

图 1-25 RM10 无填料封闭管式熔断器

（4）型号含义和电气符号

熔断器的型号含义和电气符号如图 1-26 所示。

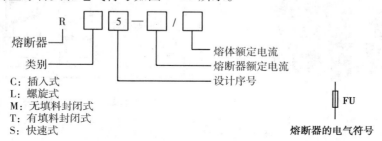

图 1-26 熔断器的型号含义和电气符号

（5）选用及注意事项

①根据使用环境和负载性质选择适当类型的熔断器。

②熔断器的额定电压大于或等于电路的额定电压。

③熔体的额定电流不可大于熔管（支持件）的额定电流。

④上、下级电路保护熔体的配合应有利于实现选择性保护。

⑤安装熔体时必须注意不要使其受机械损伤,特别是较柔软的铅锡合金丝,以免发生误动作。

⑥更换熔体时,要注意新换熔体的规格与旧熔体的规格相同,以保证动作的可靠性。

⑦更换熔体或熔管,必须在不带电的情况下进行。

3)热继电器

继电器是一种根据外界输入信号(电信号或非电信号)控制电路"接通"或"断开"的自动电器,主要用于控制、线路保护或信息转换。

继电器的种类很多,按用途来分,可分为控制继电器和保护继电器;按反映的信号来分,可分为电压继电器、电流继电器、时间继电器、热继电器和速度继电器等;按动作原理来分,可分为电磁式继电器、电子式继电器和电动式继电器等。本书仅介绍热继电器、时间继电器和速度继电器。

热继电器是一种利用电流通过发热元件时所产生的热效应,使有不同膨胀系数的双金属片发生变形,当变形达到一定程度时,就推动连杆动作,使控制电路断开的保护电器。

(1)结构

热继电器的主要结构由热元件、传动机构、动合/动断触点、整定电流调节旋钮等组成。JR36-63 系列热继电器的外形如图 1-27(a)所示,结构如图 1-27(b)所示。

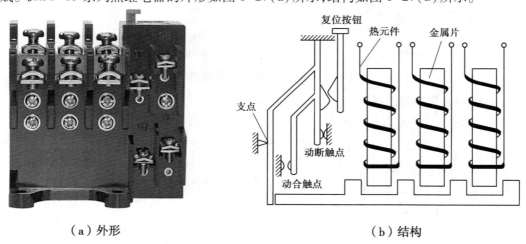

（a）外形　　　　　　　　　　　　（b）结构

图 1-27　JR36-63 系列热继电器

热元件由电阻丝和双金属片组成,双金属片由两种具有不同膨胀系数的金属片碾压而制成。膨胀系数大的称为主动层,小的称为被动层。加热双金属片的方式有 4 种:直接加热、热元件间接加热、复合式加热和电流互感器加热。

热继电器的结构形式主要有双金属片式、热敏电阻式和易熔合金式,如表 1-5 所示。

表 1-5　热继电器的结构形式

序号	结构形式	保护原理
1	双金属片式	利用双金属片受热弯曲去推动杠杆使触头动作
2	热敏电阻式	利用电阻值随温度变化而变化的特性制成
3	易熔合金式	利用过载电流发热使易熔合金熔化而使继电器动作

（2）作用

热继电器主要用来对异步电动机进行过载保护。鉴于双金属片受热弯曲过程中，热量的传递需要较长的时间，因此，热继电器不能用作短路保护，只能用作过载保护。

（3）工作原理

①热继电器是利用电流的热效应原理，将热元件与电动机的定子绕组串联，将热继电器的常闭触头串联在交流接触器的电磁线圈的控制电路中，并调节整定电流调节旋钮，使人字形拨杆与推杆相距一适当距离。

②当主电路正常工作时，主电路中的电流在允许范围内，热元件的双金属片变形较小，导板不动作。串联在控制电路中的动断触点闭合，控制电路接通，电动机正常工作。

③当电动机过载运行，过载电流流过热元件的电阻丝时，双金属片受热发生弯曲，推动导板通过推杆机构，将推力传给动断触点，使动断触点断开，切断控制回路电源。接触器线圈 KM 断电，衔铁释放，主触点 KM 断开，电动机停转。

④当热元件冷却后，双金属片恢复原状，动断触点自动复位。

⑤如用手动复位，则需按下按钮，借助动触点上的杠杆装置使触点复位闭合。

⑥热继电器动作电流值的大小可用位于复位按钮旁边的旋钮进行调节。一种型号的热继电器可配有若干不同规格的发热元件，并有一定的调节范围。应根据电动机的额定电流来选择发热元件，并用调节旋钮将其整定为电动机额定电流的 0.95～1.05 倍，使用时再根据电动机的过载能力进行调节。

简而言之，热继电器的工作原理可简述为：过载电流通过热元件后，使双金属片加热弯曲从而推动动作机构带动触点动作，进而断开电动机控制电路实现电动机断电停车，起到过载保护的作用。

（4）型号、含义和电气符号

JR 系列热继电器的型号及含义，如图 1-28 所示。

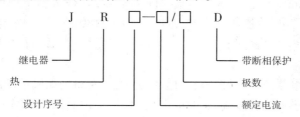

图 1-28　JR 系列热继电器的型号及含义

热继电器主要产品型号有 JR20、JR36、JRS1、JR0、JR10、JR14 和 JR15 等系列；引进产品有 T 系列、3UA 系列和 LR1-D 系列等。其中 JR15 为两相结构，其余大多为三相结构，并可带断相保护装置；JR20 为更新换代产品，用来与 CJ20 型交流接触器配套使用。

热继电器的电气符号如图 1-29 所示。

（a）发热元件　　（b）常闭触头　　（c）常开触头

图 1-29　热继电器的电气符号

（5）主要技术参数

①额定电压：热继电器能够正常工作的最高电压值，一般为交流 220 V，380 V，600 V。

②额定电流：发热元件允许长时间通过的最大电流值。选用时一般要求其电流规格小于或等于热继电器的额定电流。

③额定频率：一般而言，其额定频率按照 45~60 Hz 设计。

④整定电流范围：由本身的特性决定。它描述的是在一定的电流条件下，热继电器的动作时间和电流的平方成反比。

4）时间继电器

时间继电器也称延时继电器，是一种利用电磁原理或机械动作原理来延迟触头闭合或分断的自动控制电器，其特点是自吸引线圈得到信号起至触头动作中间有一段延时。时间继电器广泛应用于遥控、通信、自动控制等电子设备中，是最主要的控制元件之一。

（1）种类及特点

时间继电器的种类很多，按照动作原理，可分为空气阻尼式、电磁式、电动式和电子式；按延时方式，可分为通电延时和断电延时两种。这些时间继电器有各自的特点，具体说明如下：

a.空气阻尼式时间继电器又称气囊式时间继电器，它是根据空气压缩产生的阻力来进行延时的，其结构简单，价格便宜，延时范围大（0.4~180 s），但延时精确度低。

b.电磁式时间继电器延时时间短（0.3~1.6 s），但它结构比较简单，通常用在断电延时场合和直流电路中。

c.电动式时间继电器的原理与钟表类似，它是通过内部电动机带动减速齿轮转动而获得延时的。这种继电器延时精度高，延时范围大（0.4~72 h），但结构比较复杂，价格很贵。

d.电子式时间继电器又称为半导体时间继电器，它是利用延时电路来进行延时的。这种继电器精度高、体积小、延时范围大（最长可达 3 600 s）、精度高（一般为 5% 左右）、体积小、耐冲击震动、调节方便。

（2）作用

时间继电器在电路中起延时闭合或断开的作用。

时间继电器按延时方式分为两种，一种是通电延时，一种是断电延时。对于通电延时型时间继电器，在其线圈施加合适电压后，立即开始延时，延时时间一到，便通过执行部分

（触头）输出控制信号（常开触头闭合、常闭触头断开）。对于断电延时型时间继电器，在其线圈断电后，立即开始延时，当延时时间一到，便通过执行元件（触头）输出控制信号（原先闭合的常开触头现在断开，原先断开的常闭触头现在闭合）。

（3）结构和工作原理

①结构：由电磁系统、延时机构和触点三部分组成。

②工作原理：当线圈通电时，衔铁及托板被铁芯吸引而瞬时下移，使瞬时动作触点接通或断开。但是活塞杆和杠杆不能同时跟着衔铁一起下落，因为活塞杆的上端连着气室中的橡皮膜，当活塞杆在释放弹簧的作用下开始向下运动时，橡皮膜随之向下凹，上面空气室的空气变得稀薄而使活塞杆受到阻尼作用而缓慢下降。经过一定时间，活塞杆下降到一定位置，便通过杠杆推动延时触点动作，使动断触点断开，动合触点闭合。从线圈通电到延时触点完成动作，这段时间就是继电器的延时时间。

（4）型号、含义及电气符号

时间继电器的型号及含义如图1-30所示。

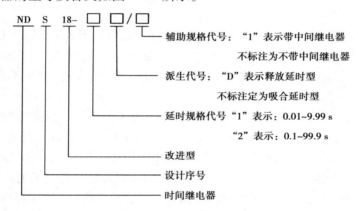

图1-30　时间继电器的型号及含义

时间继电器的电气符号如图1-31所示。

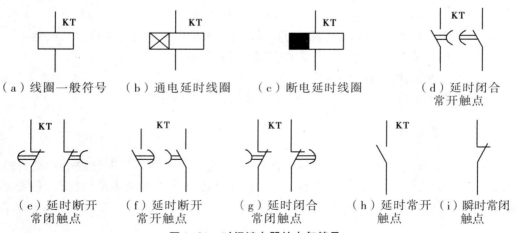

图1-31　时间继电器的电气符号

（5）主要技术参数

时间继电器的技术参数主要包括额定电压、触头工作电流、触头形式及数量、延时范围、准确度、适应环境温度、机械寿命和电寿命等。现以 SJ23 系列空气式时间继电器为例，其技术参数如下：

①额定控制容量：AC300 V·A，DC60 W（延时头组件 30 W）。

②继电器的额定电压等级：AC380 V、220 V，DC220 V、110 V。

③线圈的额定电压：AC110 V、220 V 及 380 V。

④触头的最大工作电流：AC380 V 时为 0.79 A，DC220 V 时为 0.27 A（瞬动）及 0.14 A（延时）。

⑤延时重复误差：≤9%。

⑥热态吸合电压：不大于 85% 继电器的额定电压，冷态时电压从额定值降至 10% 时能可靠地释放，在 110% 额定电压继电后也能可靠释放。

⑦机械寿命不低于 100 万次，电寿命 100 万次（延时头组件直流电寿命 50 万次）。

（6）选用

时间继电器的选用主要是延时方式和参数配合问题，选用时考虑以下几方面：

①延时方式的选择。时间继电器有通电延时或断电延时两种，应根据控制电路的要求选用。动作后复位时间要比固有动作时间长，以免产生误动作，甚至不延时，这在反复延时电路和操作频繁的场合，尤其重要。

②类型选择。对延时精度要求不高的场合，一般采用价格较低的电磁式或空气阻尼式时间继电器；反之，对延时精度要求较高的场合，可采用电子式时间继电器。

③线圈电压选择。根据控制电路电压选择时间继电器吸引线圈的电压。

④电源参数变化的选择。在电源电压波动大的场合，采用空气阻尼式或电动式时间继电器比采用晶体管式好，而在电源频率波动大的场合，不宜采用电动式时间继电器，在温度变化较大处，则不宜采用空气阻尼式时间继电器。

（7）注意事项

①要保持时间继电器的清洁，否则时间误差会增大。

②使用前检查电源电压与频率是否与时间继电器的电压与频率相符。

③根据用户要求选择时间继电器的控制时间的长短。

④直流产品要注意按电路图接线，注意电源的极性。

⑤尽量避免在震动明显、阳光直射、潮湿及接触油的场合使用。

5）速度继电器

速度继电器（转速继电器）又称反接制动继电器，是一种可以按照被控电动机的转速高低接通或切断控制电路的低压电器。电动机反接制动时，为防止电动机反转，必须在反接制动结束时或结束前及时切断电源。

（1）外形和结构

速度继电器主要由转子、定子及触点 3 部分组成，如图 1-32 所示。

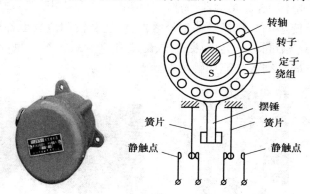

图 1-32 速度继电器的外形和结构

（2）工作原理

速度继电器在使用时，它的转子是一个永磁铁，与电动机或机械轴连接，随着电动机旋转而旋转。转子与鼠笼转子相似，内有短路条，它也能围绕着转轴转动。当转子随电动机转动时，它的磁场与定子短路条相切，产生感应电势及感应电流，这与电动机的工作原理相同，故定子随转子转动而转动。定子转动时带动杠杆，杠杆推动触点，使之闭合与分断。当电动机旋转方向改变时，继电器的转子与定子的转向也改变，这时定子就可以触动另外一组触点，使之分断与闭合。当电动机停止时，继电器的触点即恢复原来的静止状态。

由于速度继电器工作时是与电动机同轴的，所以不论电动机正转还是反转，速度继电器的两个常开触点，就有一个闭合，准备实行电动机的制动。一旦开始制动，由控制系统的联锁触点和速度继电器备用的闭合触点形成一个电动机相序反接（俗称倒相）电路，使电动机在反接制动下停车。而当电动机的转速接近零时，速度继电器的制动常开触点分断，从而切断电源，使电动机制动状态结束。

（3）电气符号

速度继电器的电气符号如图 1-33 所示。

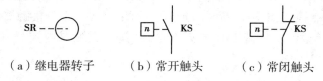

（a）继电器转子   （b）常开触头   （c）常闭触头

图 1-33 速度继电器的电气符号

6) 交流接触器

交流接触器是一种用来接通或断开带负载的交流主电路或大容量，远距离控制电路的自动切换电器,主要控制对象是电动机,此外也可用于控制其他电力负载,如电焊机、电热设备、照明设备等,交流接触器不仅能接通和断开电路,而且还有低电压和失压保护功能。但不能切断短路电流,因此接触器通常需与熔断器配合使用。

目前我国生产及使用的交流接触器型号繁多,性能及使用范围也各有不同,交流接触器按其结构和工作原理不同可分为电磁式、永磁式和真空式三类。目前使用最广的是电磁式交流接触器。不同系列的交流接触器如图 1-34 所示。

(a)CJ2 型交流接触器　　(b)NC9 真空交流接触器　(c)CJT1-10 系列交流　(d)CJ20 系列交流接触器
　　　　　　　　　　　　　　　　　　　　　　　　接触器

图 1-34　不同系列的交流接触器

(1)结构

交流接触器主要由电磁系统、触点系统和灭弧系统和其他部分组成。

①电磁系统。

电磁系统由线圈、动铁芯(衔铁)和静铁芯组成。电磁系统的作用是产生电磁吸力带动触点系统动作。在静铁芯的端面上嵌有短路环,用以消除电磁系统的振动和噪声。

②触点系统。

触点系统包括 3 对主触点和数对辅助触点。主触点用来接通与分断主电路;辅助触点用来接通与分断控制电路,具有动合、动断触点各两对。

触点的动合与动断,是指电磁系统未通电动作前触点的原始状态。动合和动断的桥式动触点是一起动作的,当吸引线圈通电时,动断触点先分断,动合触点随即接通;线圈断电时,动合触点先恢复分断,随即动断触点恢复至原来的接通状态。

③灭弧系统。

交流接触器在断开大电流电路或高电压电路时,在动、静触点之间会产生很强的电弧,电弧将灼伤触点,并使电路切断时间延迟。因此 10 A 以上的接触器都有灭弧装置,通常可采用陶土或者塑料加栅片制作的灭弧罩,电弧在灭弧罩内被分割、冷却,从而迅速熄灭。

④其他部分。

其他部分包括反力弹簧、触头压力簧片、缓冲弹簧、短路环、底座和接线柱等。

(2)工作原理

交流接触器有两种工作状态:失电状态(释放状态)和得电状态(动作状态)。交流接触器利用电磁力与弹簧弹力配合,实现触点的接通和分断。

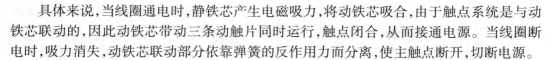

具体来说,当线圈通电时,静铁芯产生电磁吸力,将动铁芯吸合,由于触点系统是与动铁芯联动的,因此动铁芯带动三条动触片同时运行,触点闭合,从而接通电源。当线圈断电时,吸力消失,动铁芯联动部分依靠弹簧的反作用力而分离,使主触点断开,切断电源。

(3)型号、含义和电气符号

交流接触器的型号及含义如图1-35所示。

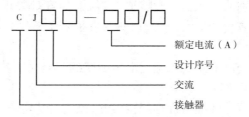

图1-35 交流接触器的型号及含义

交流接触器的电气符号如图1-36所示。

（a）线圈　　（b）主触头　　（c）辅助常开触头　　（d）辅助常闭触头

图1-36 交流接触器的电气符号

(4)主要技术参数

①额定电压。

额定电压是指在规定条件下,能保证电器正常工作的电压值。根据我国电压标准,接触器额定电压为交流380 V、660 V、1 140 V和110 V,直流220 V、440 V和660 V等。

②额定电流。

额定电流是接触器在额定工作条件(额定电压、操作频率、使用类别、触点寿命等)下的电流值。目前我国生产的接触器额定电流一般小于或等于630 A。

③通断能力。

通断能力以电流大小来衡量。接通能力是指开关闭合接通电流时不会造成触点熔焊的能力,断开能力是指开关断开电流时能可靠熄灭电弧的能力。

此外,交流接触器还有操作频率、吸引线圈额定电压、起动功率、吸持功率、线圈消耗功率和寿命等技术指标。

(5)选用

由于使用场合及控制对象不同,接触器的操作条件与工作繁重程度也不相同。接触器铭牌上所规定的电压、电流、控制功率等参数是在某一使用条件下的额定数据,而电气设备实际使用时的工作条件是千差万别的,因此选用接触器时必须根据实际使用条件正确选用。

①类别选择。根据接触器控制负载实际工作任务的繁重程度选用相应使用类别的接触器。接触器是按使用类别设计的,交流接触器使用类别由低类别到高类别分为五类。低类别接触器用于高类别控制任务时必须降级使用,即使如此,其使用寿命也会有不同程度的下降。

②容量选择。根据电动机(或其他负载)的功率和操作情况确定接触器的容量等级。当选定适合负载使用类别的接触器后,再确定接触器的容量等级。接触器的容量等级应与被控制负载容量相当或较之稍大一些,切勿仅仅根据负载额定功率来选择接触器的容量等级,要留有一定的余量。

③电压选择。根据控制电路要求确定电磁线圈的额定电压。线圈额定电压应与控制回路的电压相同。

④环境选择。根据特殊环境条件选用接触器,以满足特定环境的要求。

1.2　变压器

1.2.1　变压器的基础知识

1)变压器简介

变压器是一种常见的静止电气设备,它利用电磁感应原理,通过线圈间的电磁感应,将一种电压等级的交流电能转换成同频率的另一种电压等级的交流电能。变压器就是一种利用电磁感应变换电压、电流和阻抗的器件。

变压器是电力系统中最重要的电气设备之一。发电厂(站)发出的电能经升压变压器升压后,再经过高压输电线路远距离输送到用电区域,然后通过降压变压器将电压降到一定数值(通常为 35 kV 或 10 kV),最后用配电变压器将电压降为用户所需的电压等级(通常为 380 V 和 220 V),给用户供电。

(1)主要作用

变压器的主要作用有:电压变换、电流变换、阻抗变换、隔离、稳压(磁饱和变压器)等。

(2)主要部件

变压器的主要部件是铁芯和套在铁芯上的两个绕组。两个绕组之间只有磁耦合,没有电联系。

(3)种类

比较常见的变压器如图 1-37 所示。变压器用途广泛,种类繁多。容量小的只有几伏安,大的可达数十万伏安。电压低的只有几伏,高的可达几十万伏。不同种类变压器的结构各有特点,然而其基本工作原理和基本结构是一致的。

(a)低频变压器　　　　　(b)高频变压器　　　　　(c)开关电源变压器

(d)油浸式电力变压器　　　　　　　(e)干式电力变压器

图1-37　常见变压器

①按用途分,变压器可分为电力变压器、试验变压器、仪用变压器及特殊用途的变压器。电力变压器是电力输配电、电力用户配电的必要设备;试验变压器是电气设备进行耐压(升压)试验的设备;仪用变压器作配电系统的电气测量、继电保护之用(PT、CT);特殊用途的变压器有冶炼用电炉变压器、电焊变压器、电解用整流变压器、小型调压变压器等。

②按相数分,变压器有单相变压器和三相变压器。

③按铁芯结构分,变压器有芯式变压器和壳式变压器两种。

④按线圈数分,变压器有双绕组和多绕组变压器、自耦变压器。

⑤按冷却方式分,变压器有油浸式变压器和空气冷却式(干式)变压器。

⑥按容量大小分,变压器有小型变压器、中型变压器、大型变压器和特大型变压器。

2)变压器的基本结构

(1)单相变压器的基本结构

接在单相交流电源上,用来改变单相交流电压的变压器称单相变压器,它主要由铁芯和绕组两部分组成。

①铁芯。

铁芯是变压器的主磁路,为了提高导磁性能和减少铁损,用厚为 0.35~0.5 mm、表面涂有绝缘漆的硅钢片叠成。铁芯的基本结构分为铁芯柱和铁轭两部分,有心式、壳式和C形变压器 3 种形式,如图 1-38 所示。

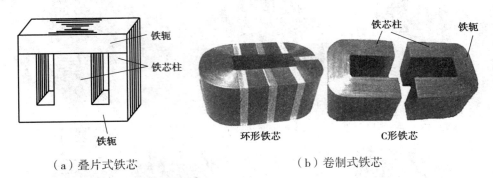

（a）叠片式铁芯　　　　　　　（b）卷制式铁芯

图 1-38　单相变压器的铁芯

②绕组。

绕组是变压器的电路,一般用绝缘铜线或铝线绕制而成。绕组有同心式和交叠式两种形式,如图 1-39 所示。

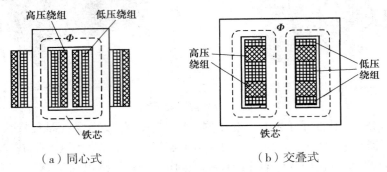

（a）同心式　　　　　　　　（b）交叠式

图 1-39　单相变压器的绕组

同心式:高(外)、低(内)压绕组同心地绕在铁芯柱上,结构简单,制造方便。

交叠式:高低压绕组交叠放置,最上和最下为低压绕组。漏抗小、机械强度好、引线方便,在特殊变压器上使用较多。

（2）三相变压器的基本结构

现在的电力系统都采用三相制供电,因此广泛采用三相变压器来实现电压的转换。把 3 个单相变压器合成 1 个三铁芯柱的结构形式,称为三相心式变压器。三相心式变压器的特点是:磁路系统中每相主磁通都要经另外两相的磁路闭合,故各相磁路彼此相关,三相磁路磁阻不相等。当外加三相对称电压时,三相空载电流不相等,B 相最小,A、C 两相大些。

在三相电力变压器中,目前使用最广泛的是三相油浸式电力变压器,其基本结构包括:器身(铁芯、绕组、绝缘、引线)、油箱和冷却装置、调压装置、保护装置(吸湿器、安全气道、气体继电器、储油柜及测温装置等)和出线套管。此外还有油箱、油枕、绝缘套管及分接开关等,如图1-40所示。

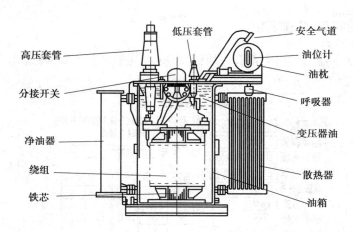

图1-40　三相油浸式电力变压器的基本结构

①铁芯。铁芯是变压器中主要的磁路部分。为了提高磁路的导磁性能,减小铁芯中的磁滞、涡流损耗,变压器用的硅钢片硅含量通常较高,厚度分别为0.35 mm、0.3 mm、0.27 mm,表面涂有绝缘漆的热轧或冷轧硅钢片叠装且相互之间绝缘。

②绕组。绕组是变压器的电路部分,它是用双丝包绝缘扁线或漆包圆线绕成的。变压器的基本原理是电磁感应原理,绕组有圆筒式、螺旋式、连续式、纠结式等结构。为了便于绝缘,低压绕组靠近铁芯柱,高压绕组套在低压绕组外面,两个绕组之间留有油道。

③油箱。由于三相变压器容量都比较大,电压也比较高,所以,为了铁芯和绕组的散热和绝缘,均将其置于绝缘的变压器油内,而油则盛放在油箱内。为了增加散热面积,一般在油箱四周加装散热装置,老型号电力变压器则在油箱四周加焊扁形散热油管,新型电力变压器以片式散热器散热为多,容量大于10 000 kV·A的电力变压器,采用风吹冷却或强迫油循环冷却装置。

④储油柜。储油柜可以减少油与外界空气的接触面积,减小变压器受潮和氧化的概率。在大型电力变压器的储油柜内还安放了一个特殊的空气胶囊,它通过呼吸器与外界相通,空气胶囊阻止了储油柜中变压器油与外界空气接触。

⑤呼吸。内装硅胶的干燥器,与油枕连通,为了使潮湿空气不进入油枕而使油劣化。

⑥冷却器。装配在变压器油箱壁上,对于强迫油循环风冷变压器,电动泵从油箱顶部抽出热油送入散热器管簇中,这些管簇的外表受到来自风扇的冷空气吹拂,使热量散失到空气中去,加强散热。

⑦绝缘套管。绝缘套管一般是陶瓷的,它可使绕组引出线与油箱绝缘。绝缘套管结构取决于电压等级,电压等级越高,级数越多。

⑧分接开关。一般从变压器的高压绕组引出若干抽头,称为分接头,用以切换分接头的装置叫分接开关。分接开关用改变绕组匝数的方法来调压。

⑨压力释放阀。压力释放阀可防止变压器内部发生严重故障而产生大量气体,引起

变压器发生爆炸。

3)变压器的铭牌和额定值

在每台电力变压器的油箱上都有一块铭牌,标志其型号和主要参数,作为正确使用变压器时的依据,如图1-41所示。

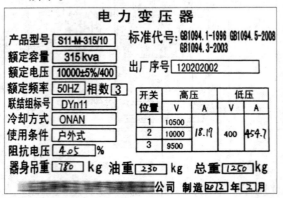

图1-41 电力变压器的铭牌

(1)型号

变压器的型号由字母和数字组成,表示一台变压器的结构、额定容量、电压等级、冷却方式等内容,其型号表示方法及含义如图1-42所示。

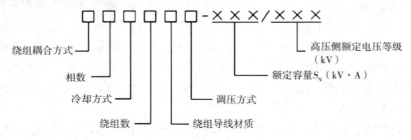

图1-42 变压器的型号及含义

(2)额定值

额定值是用来表示变压器在额定运行情况下各物理量的数值。额定值通常标注在变压器的铭牌上,主要有额定容量、一次侧额定电压、二次侧额定电压、一次侧额定电流、二次侧额定电流、额定频率等。

①额定容量 S_N:在额定条件下输出的视在功率,单位为 V·A、kV·A、MV·A。

②一次侧(原边)额定电压 U_{1N}:正常运行时规定加在一次侧的端电压。对于三相变压器,额定电压为线电压,单位为 V、kV。

③二次侧(副边)额定电压 U_{2N}:一次侧加额定电压,二次侧空载时的端电压。对于三相变压器,额定电压为线电压,单位为 V、kV。

④一次侧(原边)额定电流 I_{1N}:变压器额定容量下一次侧绕组允许长期通过的电流,

对于三相变压器,为一次侧额定线电流,单位为 A、kA。

⑤二次侧(副边)额定电流 I_{2N}:变压器额定容量下二次侧绕组允许长期通过的电流,对于三相变压器,为二次侧额定线电流,单位为 A、kA。

单相变压器额定值的关系式为:

$$S_N = U_{1N}I_{1N} = U_{2N}I_{2N}$$

三相变压器额定值的关系式为:

$$S_N = \sqrt{3}\,U_{1N}I_{1N} = \sqrt{3}\,U_{2N}I_{2N}$$

⑥额定频率:我国工频为 50 Hz。

除上述额定值外,铭牌上还标明了温升、连接组别、阻抗电压、冷却方式等技术参数。其中,阻抗电压又称短路电压,它表示额定电流下变压器阻抗压降的大小,通常用它与额定电压 U_{1N} 的百分比来表示。

4) 变压器的基本工作原理

变压器是利用电磁感应原理工作的,如图 1-43 所示。当变压器一次侧施加交流电压 U_1,流过一次绕组的电流为 I_1,则该电流在铁芯中会产生交变磁通,使一次绕组(匝数为 N_1)和二次绕组(匝数为 N_2)发生电磁联系,根据电磁感应原理,交变磁通穿过这两个绕组就会感应出电动势,其大小与绕组匝数以及主磁通的最大值成正比,绕组匝数多的一侧电压高,绕组匝数少的一侧电压低。当变压器二次侧开路,即变压器空载时,一、二次端电压与一、二次绕组匝数成正比,即

$$U_1/U_2 = N_1/N_2$$

理论分析及实践都表明,变压器一次、二次绕组感应电动势的大小(近似于各自的电压 U_1 及 U_2)与绕组匝数成正比,故只要改变一次、二次绕组的匝数,就可达到改变电压的目的,这就是变压器的基本工作原理。

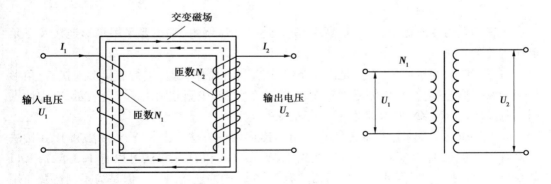

图 1-43 变压器绕组工作原理

变压器的作用是多方面的,不仅能升高电压把电能送到用电地区,还能把电压降低为各级使用电压,以满足用电的需要。总之,升压与降压都必须由变压器来完成。如果一次侧线圈的匝数比二次侧线圈的多,二次侧线圈上的电压就会降低,这就是降压变压器;反

之,如果一次侧线圈的匝数比二次侧线的圈少,二次侧线圈上的电压就会升高,这就是升压变压器。

变压器工作时,高压线圈匝数多而通过的电流小,可用较细的导线绕制;低压线圈匝数少而通过的电流大,应当用较粗的导线绕制。这也是判定高压线圈和低压线圈的一种方法。

1.2.2　变压器的应用

1)三相变压器的连接组别

三相变压器高、低压绕组对应的线电动势之间的相位差,通常用时钟法来表示,称为变压器的连接组,即把高压绕组的线电动势相量作为时钟的长针,且固定指向 12 的位置,对应的低压绕组的线电动势相量作为时钟的短针,其所指的钟点数就是变压器连接组的标号。

连接组别用来反映三相变压器的连接方式及一、二次侧电动势(或线电压)的相位关系。三相变压器的连接组别不仅与绕组的绕向和首末端标志有关,而且还与三相绕组的接法及绕组的标志方法有关。变压器绕组首端和尾端的标志如表 1-6 所示。

表 1-6　变压器绕组首端和尾端的标志

绕组名称	单相变压器		三相变压器		中性点
	首端	末端	首端	末端	
高压绕组	U1	U2	U1、V2、W1	U2、V2、W2	N
低压绕组	u1	u2	u1、v1、w1	u2、v2、w2	n
中压绕组	$U1_m$	$U2_m$	$U1_m$、$V1_m$、$W1_m$	$U2_m$、$V2_m$、$W2_m$	N_m

在三相电力变压器中,不论是高压绕组,还是低压绕组,都主要采用星形连接及三角形连接两种方法。

在三相电力变压器中,不论是高压绕组,还是低压绕组,都可进行成星形连接、三角形连接和曲折形连接,在高压侧分别用 Y、D、Z 表示,在低压侧分别用 y、d、z 表示,有中性点引出时高压用 YN、ZN 表示,低压用 yn、zn 表示。

电力变压器主要采用星形连接及三角形连接两种方法。由于 Y,y 接法和 D,d 接法可以有 0,2,4,6,8,10 等 6 个偶数连接组别,Y,d 接法和 D,y 接法可以有 1,3,5,7,9,11 共 6 个奇数连接组别,因此三相变压器共有 12 个不同的连接组别。但是为了制造及使用方便,国家标准规定只生产 5 种标准连接组别的电力变压器,即 Y,yn0;Y,d11;YN,d11;YN,y0;Y,y0。其中,前 3 种最为常用。连接组中的数字表示变压器一次绕组线电压和二次绕组线电压之间的相位差关系。0 表示同相位,11 表示相位差为 330°。如图 1-44 所示为变压器 Y,yn0 连接组图。

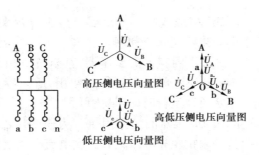

图 1-44　变压器 Y,yn0 连接组图

2) 变压器的并联运行

变压器并联运行是指将几台变压器的一、二次绕组分别接在一、二次侧的公共母线上,共同向负载供电的运行方式,如图 1-45 所示。

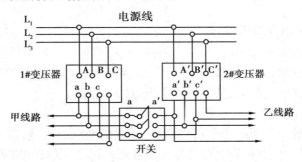

图 1-45　变压器并联运行示意图

(1) 变压器并联的条件

并联运行的理想情况是:空载时各变压器绕组之间无环流;带负载后,各变压器的负载系数相等;带负载后,各变压器的负载电流与总的负载电流同相位。

在日常运行中,实现两台或多台变压器并联运行必须满足以下条件:

①接线组别相同。如果接线组别不同的两台变压器并联,二次回路中将会出现相当大的电压差。由于变压器内阻很小,将会产生几倍于额定电流的循环电流,从而使变压器烧坏。

②变压比相等。如果变压比不同的两台变压器并联,二次侧会产生环流,增加损耗,占据容量。要在任何一台都不会过负荷的情况下,才可以并联运行。为了使并联的变压器安全运行,我国规定并联变压器的变压比差值不得超过±0.5(分接开关置于同一挡位的情况)。

③阻抗电压的百分数相等。如果两台变压器的阻抗电压(短路电压)百分数不等,变压器所带负载就不能按变压器容量的比例分配。例如,若电压百分数大的变压器满载,则电压百分数小的变压器将过载。只有当并联运行的变压器任何一个都不会过负荷时,才可以并联运行。一般认为,并联变压器的短路阻抗相差不得超过±10%。通常,应设法提

高短路阻抗大的变压器二次绕组电压或改变变压器分接头位置来调整变压器的短路阻抗,以使并联运行的变压器的容量得到充分利用。

④容量比不超过3∶1。由于不同容量的变压器,其阻抗值相差较大,负荷分配不平衡,同时从运行角度考虑,小容量变压器起不到备用作用,所以容量比不宜超3∶1。但是,在两台变压器均未超过额定负荷运行时,容量比可大于3∶1。正常情况下,容量大的变压器短路阻抗应小于容量小的变压器的短路阻抗。为使变压器二次电流在相位上相同,需要各台变压器短路阻抗的阻抗角相等。只有二次电流在相上相同,才能使各变压器合理地利用。因为总电流为分电流之和,在总电流一定的前提下,只有当分电流相同时其值最小。很明显,若相角不同,即使分电流很大,总电流也不一定很大,因总电流并不是分电流值的代数相加。在变电站,电能表总表记数和分表记数不一致就是这样的情况。

上述4个条件中,第一条必须满足,即各变压器的接线组别相同。变压器运行规程规定:在任何一台变压器不过负荷的情况下,变比不同和短路阻抗标幺值不等的变压器可以并联运行。

(2)变压器并联运行的优点

①提高供电的可靠性。

多台变压器并联运行时,如果其中一台变压器发生故障或需要检修,那么另外几台变压器可分担它的负载继续供电,从而提高了供电的可靠性。

②提高供电的经济性。

可根据电力系统中负荷的变化,调整投入并联的变压器台数,以减少电能损耗,提高运行效率。可根据用电量的增加,分期分批安装新变压器,以减少初期投资。

(3)变压器并联运行的注意事项

由于大容量变压器成本低、效率高,所以要合理考虑并联台数。需并联运行的变压器,在并联运行之前,应根据变压器负荷电流的分布进行核算,当两台变压器并联运行后,立即检查运行电流的分布是否合理。在需要拆掉变压器或关掉一台变压器时,应根据实际负荷情况预测是否可能使一台变压器产生过负荷,还要检查实际负荷电流。在变压器可能发生超载的情况下,不能进行解列操作。

3)变压器的损耗和效率

变压器的损耗 ΔP ,包括铁损耗 P_{Fe}、铜损耗 P_{Cu}、空载损耗 P_o 等。

(1)铁损耗 P_{Fe}

变压器的铁损耗主要是指铁芯中的磁滞损耗和涡流损耗,它取决于铁芯中磁通密度的大小、磁通交变的频率和硅钢片的质量等。

变压器的铁损耗与一次绕组上所加的电源电压大小有关,而与负载电流的大小无关。当电源电压一定时,铁芯中的磁通基本不变,故铁损耗也就基本不变,因此铁损耗又称为"不变损耗"。

铁损耗包括磁性材料的磁滞损耗、涡流损耗以及剩余损耗,单位为 W/kg(瓦/千克)。

（2）铜损耗 P_{Cu}

变压器的铜损耗主要是指电流在一次、二次绕组的电阻上产生的损耗。在变压器中铜损耗与负载电流的平方成正比，所以铜损耗又称"可变损耗"或"负载损耗"，它是一种有功损耗。

变压器的温升主要由铁损和铜损决定。

（3）空载损耗 P_0

变压器的空载损耗是指当变压器二次绕组开路，一次绕组施加额定频率正弦波形的额定电压时，所消耗的有功功率。空载损耗发生于变压器铁芯叠片内，当周期性变化的磁力线通过材料时，由材料的磁滞和涡流产生的，其大小与运行电压和分接头电压有关，与通过的电流无关。

（4）效率

由于变压器存在着铁损耗与铜损耗，所以它的输出功率永远小于输入功率，为此我们引入了效率的参数对此进行描述。变压器的输出功率 P_2 与输入功率 P_1 之比称为变压器的效率 η，即

$$\eta = \frac{P_2}{P_1} \times 100\% = \frac{P_2}{P_2 + \Delta P} \times 100\% = \frac{P_2}{P_2 + P_{Cu} + P_{Fe}} \times 100\%$$

由于变压器没有旋转的部件，不像电机那样有机械损耗存在，因此变压器的效率一般比较高。中、小型电力变压器效率在 95% 以上，大型电力变压器效率可达 99% 以上。

4）变压器的参数测定

（1）空载试验

目的：通过测量空载电流和一、二次电压及空载功率来计算变比、空载电流百分数、铁损耗和励磁阻抗。

（2）短路试验

目的：通过测量短路电流、短路电压及短路功率来计算变压器的短路电压百分数、铜损耗和短路阻抗。

（3）标幺值

在工程计算中，各物理量往往不用实际值表示，而采用相应的标幺值来进行表示，通常取各量的额定值作为基值，利用公式"标幺值＝实际值/基值"计算，各物理量的标幺值都用在其右上角加"＊"表示。标幺值经常作为重要参数标注在变压器的铭牌上。

5）变压器的最常见故障

（1）外部故障

变压器外部故障主要是变压器套管和引出线上发生的相间短路和接地短路。

（2）内部故障

变压器内部故障主要包括绕组相间短路、绕组匝间短路及中性点接地系统绕组地接地短路等。

（3）变压器的渗漏

一些运行年限已久的变压器渗漏现象更为普遍，轻者污染设备外表影响美观，重者威胁设备运行安全甚至人员生命。造成渗漏的原因主要有两个方面：一方面是在变压器设计及制造工艺过程中遗留下来的；另一方面是变压器的安装和维护不当。变压器主要渗漏部位经常出现在散热器接口、平面蝶阀帽子、套管、瓷瓶、焊缝、砂眼、法兰等部位。

1.2.3　特殊用途变压器

1）仪用互感器

仪用互感器分为仪用电压互感器和仪用电流互感器，属于特殊变压器。仪用互感器作为一、二次系统间的联络元件。

仪用互感器有变换和隔离两大功能。

①变换功能：把高电压和大电流变换为低电压和小电流，便于连接测量仪表和继电器。

②隔离作用：使仪表、继电器等二次设备与主电路绝缘。

扩大仪表、继电器等二次设备应用的电流范围，使仪表、继电器等二次设备的规格统一，利于批量生产。

2）电流互感器

电流互感器是依据电磁感应原理将一次侧大电流转换成二次侧小电流来测量的仪器，它相当于一个升压变压器，只是容量较小，如图1-46所示。其工作原理、构造及接线方式均与变压器相同。电流互感器能够可靠地隔离高压大电流，以保证测量人员、仪表及保护装置的安全，同时把大电流按一定比例缩小，使低压绕组能够准确地反映高压大电流量值的变化，以解决高压大电流测量难的困扰。电流互感器二次电流均为标准值5 A。

图1-46　电流互感器

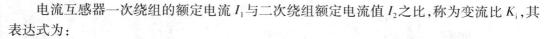

电流互感器一次绕组的额定电流 I_1 与二次绕组额定电流值 I_2 之比,称为变流比 K_i,其表达式为:

$$\frac{I_1}{I_2} = \frac{U_2}{U_1} \approx \frac{N_2}{N_1} = \frac{1}{K_u} = K_i$$

即变压器一次、二次绕组中的电流与一次、二次绕组的匝数成反比,变压器有变换电流的作用,且电流的大小与匝数成反比。

例1-1 有一台三相异步电动机,型号为Y280S-4,额定电压380 V,额定电流140 A,额定功率75 kW,试选择电流互感器规格,并计算流过电流表的实际电流。

解:因为考虑到测量准确,且电动机允许可能出现的短时过负荷等因素,应使被测电流为满量程的1/2或3/4,所以选择电流互感器的额定电流200 A。变流比 K_i 为:

$$K_i = \frac{200}{5} = 40$$

流过电流表的 I_2 由公式计算得:

$$I_2 = \frac{I_1}{K_i} = \frac{140}{40}\ \text{A} = 3.5\ \text{A}$$

结论:变压器的高压绕组匝数多,而通过的电流小,因此绕组所用的导线细;反之,低压绕组的匝数少,通过的电流大,所用导线也较粗。

使用电流互感器的注意事项如下:

①接线遵守串联原则,即一次绕阻应与被测电路串联,而二次绕阻则与所用仪表负载串联。

②按被测电流大小,选择合适的变比,否则误差将增大。同时,二次侧一端必须接地,以防绝缘损坏时,一次侧高压窜入二次低压侧,造成人身和设备事故。

③二次侧绝对不允许开路。因为一旦开路,二次侧绕组将在磁通过零时感应出很高的尖顶波,其值可达到数千甚至上万伏,危及工作人员的安全及仪表的绝缘性能。

3) 电压互感器

配电网中电压互感器是用来隔离高电压,并把高电压变为低电压,即100 V,供继电保护、自动装置(保护)和测量仪表(计量)获取一次侧电压信号的设备。常用电压互感器如图1-47所示。

电压互感器变换电压的目的,主要是给测量仪表和继电器保护装置供电,用来测量线路的电压、功率和电能,或者用来在线路发生故障时保护线路中的贵重设备、电机和变压器。

电压互感器的工作原理、构造及接线方式都与变压器相同,只是容量较小,通常仅有几十或几百伏安。

电压互感器指一次绕组的额定电压 U_1 与二次绕组额定电压值 U_2 之比,称为变压比 K_u,其表达式为:

干式电压互感器

三相五柱式电压互感器

高压油浸式电压互感器

单相油浸式电压互感器

三相油浸式电压互感器

图 1-47　电压互感器

$$K_u = \frac{U_1}{U_2} = \frac{N_1}{N_2}$$

由于空载运行,二次绕组开路,故 U_2 端电压与电动势 E_2 相等,因此

$$U_1 \approx E_1 = 4.44 f_{N_1} \Phi_m$$

$$U_2 \approx E_2 = 4.44 f_{N_2} \Phi_m$$

即

$$\frac{U_1}{U_2} \approx \frac{E_1}{E_2} = \frac{N_1}{N_2} = K_u$$

例 1-2　现有一台低压照明变压器,其一次绕组匝数 $N_1 = 600$ 匝,一次绕组电压 $U_1 = 220$ V,若要使二次绕组输出电压 $U_2 = 36$ V,求二次绕组匝数 N_2 及变比 K_u。

解:由公式可得

$$N_2 = \frac{U_2}{U_1} \times N_1 = \frac{36 \text{ V}}{220 \text{ V}} \times 600 \approx 98 \text{ 匝}$$

$$K_u = \frac{U_1}{U_2} = \frac{220 \text{ V}}{36 \text{ V}} \approx 6.1$$

通常,$K_u > 1$(即 $U_1 > U_2$,$N_1 > N_2$)的变压器称为降压变压器;$K_u < 1$ 的变压器称为升压变压器。

使用电压互感器的注意事项如下:

①电压互感器的接线应保证其正确性。一次绕组和被测电路并联,二次绕组应和所接的测量仪表、继电保护装置或自动装置的电压线圈并联,同时要注意极性的正确性。

②接在电压互感器二次侧负荷的容量应合适。接在电压互感器二次侧的负荷不应超过其额定容量,否则,会使互感器的误差增大,难以达到测量的正确性。

③电压互感器二次侧不允许短路。由于电压互感器内阻抗很小,当二次回路短路时,

会出现很大的电流,将损坏二次设备甚至危及人身安全。电压互感器可以在二次侧装设熔断器对其进行短路保护,也可以一次侧装设熔断器以保护高压电网不因互感器高压绕组或引线故障危及一次系统的安全。

④电压互感器二次绕组必须有一点接地。因为接地后,当一次和二次绕组间的绝缘损坏时,可以防止仪表和继电器出现高电压危及人身安全。

⑤电压互感器二次侧绝对不容许短路。

4) 电焊变压器

电焊变压器是一个降压升流变压器,接入电源后,可得到较低的电压和几十乃至几百安培电流。当焊条与焊件触摸时,电源短路,此刻电抗器起限流效果。起弧后,电抗器两头产生压降,改动电抗的大小可以调节焊接电压和焊接电流的大小。

5) 整流变压器

整流变压器是整流设备的电源变压器,是整流装置中的重要组成部分,如图 1-48 所示。

在大容量整流电路中,为了得到平稳的直流电压,往往采用多相整流电路(如六相整流、十二相整流),则可用三相整流变压器,将其二次侧接成六相或十二相。为了尽可能减少电网与整流装置之间的相互干扰,要求整流后的直流电路与电网交流电路之间能够隔离,也要用整流变压器。

整流变压器的二次绕组由于所接整流元件只在一个周期内的部分时间轮流导电,所以二次绕组中流过的电流是非正弦电流,含有直流分量。它将使铁芯损耗增加而发热,另外二次绕组的视在功率往

图 1-48　整流变压器(AC 变 DC)

往也比一次绕组的要大。当整流元件被击穿而短路时,变压器中将流过很大的短路电流,因此整流变压器的漏抗较大,外形较为矮胖,机械强度要求高。整流变压器二次绕组中可能产生过电压而危及绝缘,因此需加强绝缘。

【课堂练习】

一、填空题

1.低压电器按其用途或所控制对象分为低压_____电器和低压_____电器。

2.在接触器的铁芯部分端面嵌装短路环的目的是减小铁芯的振动和_____。

3.开启式负荷开关又称_____,主要由_____、_____、

_____和_____、_____、_____组成,这是目前仍较多使用的一种刀开关。

4.按钮是一种_____控制并可自动_____的控制接通或分断电路,用于短时间接通与分断小电流电路。

5.JR 系列热继电器,它的发热元件应串接在电动机的_____中,其动断触点应串接在_____中。

6.交流接触器主要由_____系统、_____系统、_____系统和其他部分组成,其中_____系统的作用是使电弧很快地熄灭。

7.变压器工作原理的基础是_____定律。

8.三相变压器理想并联运行的条件为_____,_____,_____,其中必须满足的条件是_____。

9.通过_____和_____实验可求取变压器的参数。

10.时间继电器按其结构和工作原理不同可分为_____时间继电器、_____时间继电器、_____时间继电器、_____时间继电器四大类。

二、判断题

1.闸刀开关只用于手动控制的容量较小、起动不频繁的电动机的直接起动。　　(　　)

2.交流接触器除通断电路外,还具有短路和过载的保护功能。　　　　　　　(　　)

3.热继电器的整定电流是指热继电器连续工作而动作的最小电流。　　　　　(　　)

4.漏电保护断路器不具备过载保护。　　　　　　　　　　　　　　　　　(　　)

5.低压熔断器按形状可分为半封闭插入式和无填料封闭管式。　　　　　　　(　　)

6.接触器是一种适用于远距离频繁接通和断开交直流主电路的自动控制电器。

　　　　　　　　　　　　　　　　　　　　　　　　　　　　　　　　(　　)

7.继电器一般用来直接控制有较大电流的主电路。　　　　　　　　　　　(　　)

8.热继电器利用电流的热效应原理来切断电路以保护电动机。　　　　　　　(　　)

9.按钮开关是一种结构简单、应用广泛的主令电器。　　　　　　　　　　(　　)

10.位置开关又称限位开关或行程开关,作用与按钮开关不同。　　　　　　(　　)

11.变压器空载和负载时的损耗是一样的。　　　　　　　　　　　　　　　(　　)

12.变压器的变比可看作一、二次侧额定线电压之比。　　　　　　　　　　(　　)

13.只要使变压器的一、二次绕组匝数不同,就可达到变压的目的。　　　　(　　)

三、选择题

1.下列低压电器中不能实现短路保护的是(　　　　)。

A.熔断器　　　　　　B.热继电器　　　　　　C.断路器　　　　　　D.过电流继电器

2.功率小于(　　　)的电动机控制电路可用 HK 系列刀开关直接操作。

A.4 kW　　　　　　B.5.5 kW　　　　　　C.7.5 kW　　　　　　D.15 kW

3.交流接触器发热主要是(　　)引起的。

A.线圈　　　　　　B.铁芯　　　　　　C.触点　　　　　　D.短路环

4.在由 4.5 kW、5 kW、7 kW 三台三相笼型感应电动机组成的电气设备中,总熔断器选择额定电流(　　)的熔体。

A.30 A　　　　　　B.50 A　　　　　　C.70 A　　　　　　D.15 A

5.DZ5-20 型低压断路器的欠电压脱扣器的作用是(　　)。

A.过载保护　　　　B.欠电保护　　　　C.失压保护　　　　D.短路保护

6.交流接触器短路环的作用是(　　)。

A.短路保护　　　　B.消除铁芯振动　　C.增大铁芯磁通　　D.减少铁芯磁通

7.常用低压保护电器为(　　)。

A.刀开关　　　　　B.熔断器　　　　　C.接触器　　　　　D.热继电器

8.三相变压器二次侧的额定电压是指一次侧加额定电压时二次侧的(　　)。

A.空载线电压　　　　　　　　　　B.空载相电压

C.额定负载时的线电压　　　　　　D.额定负载时的相电压

9.升压变压器,一次绕组的每匝电动势(　　)二次绕组的每匝电动势。

A.等于　　　　　　B.大于　　　　　　C.小于　　　　　　D.无法判断

10.三相变压器的变比是指(　　)。

A.一、二次侧相电动势之比　　　　B.一、二次侧线电动势之比

C.一、二次侧线电压之比　　　　　D.一、二次侧相电压之比

四、综合题

1.画出常用低压电器的电气符号并标注。

2.简述低压断路器的工作原理。

3.简述时间继电器的选用方法。

4.变压器主要由哪些部分组成?

5.变压器并联运行的条件有哪些? 其中哪一条应严格执行?

6.电压和电流互感器在高压电网线路中的作用各是什么?

7.一台三相变压器的连接组标号为 Yy2,请画出该变压器的绕组连接图。

【自我检测】

完成时间:60 分钟,满分 100 分

一、填空题(每空 1 分,共 20 分)

1.正确选择熔断器的原则是:熔断器的额定电压必须_____线路的工作电压,熔体的额定电流必须_____熔断器的额定电流。

2.封闭式负荷开关又称_____,一般在电力排灌、电热器、照明线路的配电

设备中作为_____接通和分断电路之用。

3.接触器是一种远距离控制并能_____接通和切断交、直流电路的_____控制电器,按使用电流的种类可分为_____接触器和_____接触器两大类。

4.继电器是一种_____控制的_____控制电器,当_____达到一定数值后,它的_____才会发生突变;同接触器比较,继电器的_____容量小,没有_____装置。

5.变压器磁场中的磁通按照性质和作用的不同,分为_____和_____,主磁通的作用是_____,漏磁通的作用是_____。

6.变压器额定电压下负载运行时,若负载电流增大,则铜损耗将_____,铁损耗将_____。

7.三相变压器的连接组标号反映的是变压器高、低压侧对应_____之间的相位关系。

二、判断题(每小题 2 分,共 30 分)

1.只要额定电压相同,刀开关之间就可以互换使用。 ( )
2.所有刀开关都带有短路保护装置。 ( )
3.交流接触器具有失压和欠压保护功能。 ( )
4.由于过载电流小于短路电流,所以热继电器既能作过载保护,也能作短路保护。 ( )
5.交流接触器触点发热程度与流过触点的电流有关,与触点间的接触电阻无关。 ( )
6.触点间接触面越光滑平整,其接触电阻越小。 ( )
7.当热继电器动作不准确时,可用弯折双金属片的方法来调整。 ( )
8.交流接触器起动瞬间,由于铁芯气隙大,故起动电流比流过线圈的正常工作电流大很多。 ( )
9.行程开关起限制运动机械位置的作用。 ( )
10.电源电压和频率不变时,变压器的主磁通基本为常数,因此负载和空载时感应电动势 E_1 为常数。 ( )
11.变压器空载运行时电源输入的功率只是无功功率。 ( )
12.变压器频率增加,励磁电抗增加,漏电抗不变。 ( )
13.变压器负载运行时,一次侧和二次侧电流标幺值相等。 ( )
14.变压器空载运行时一次侧加额定电压,由于绕组电阻 R_1 很小,因此电流很大。 ( )
15.变压器的变比可看作一、二次侧额定线电压之比。 ( )

三、选择题(每小题 2 分,共 30 分)

1.低压电器产品全型号中的第一位为( )。

A.设计序号　　　　　B.基本规格代号　　　　C.类组代号　　　　　D.辅助规格代号

2.低压开关一般为(　　　)。

A.非自动切换电器　B.自动切换电器　　C.半自动切换电器　D.无触点电器

3.HH 系列刀开关采用储能分合闸方式,主要是为了(　　　)。

A.操作安全　　　　B.减少机械磨损　　C.缩短通断时间　　D.减小劳动强度

4.用于电动机直接起动时,可选用额定电流等于或大于电动机额定电流(　　　)三极刀开关。

A.1 倍　　　　　　B.3 倍　　　　　　C.5 倍　　　　　　D.7 倍

5.HZ 系列组合开关的储能分合闸速度与手柄操作速度(　　　)。

A.成正比　　　　　B.成反比　　　　　C.有关　　　　　　D.无关

6.按下复合按钮时,(　　　)。

A.动合触点先闭合　　　　　　　　　B.动断触点先断开

C.动合、动断触点同时动作　　　　　D.无法确定

7.DZ5-20 型低压断路器的热脱扣器用于(　　　)。

A.过载保护　　　　B.短路保护　　　　C.欠电保护　　　　D.失压保护

8.按钮帽上的颜色用于(　　　)。

A.注意安全　　　　B.引起警惕　　　　C.区分功能　　　　D.无意义

9.熔体的熔断时间(　　　)。

A.与电流成正比　　　　　　　　　　B.与电流成反比

C.与电流的平方成正比　　　　　　　D.与电流的平方成反比

10.一台 50 Hz 的变压器接到 60 Hz 的电网上,外加电压的大小不变,则励磁电流将(　　　)。

A.变大　　　　　　B.变小　　　　　　C.不变　　　　　　D.无法判断

11.变压器的磁动势平衡方程为(　　　)。

A.一次绕组、二次绕组磁动势的代数和等于励磁磁动势

B.一次绕组、二次绕组磁动势的相量和等于励磁磁动势

C.一次绕组、二次绕组磁动势的算数差等于励磁磁动势

D.一次绕组、二次绕组磁动势的时间相量和

12.一台单相变压器进行短路试验,在高压侧达到额定电流测得的损耗和在低压侧达到额定电流测得的损耗(　　　)。

A.不相等　　　　　B.相等　　　　　　C.折算后相等　　　D.基本相等

13.变压器并联条件中必须满足的条件是(　　　)。

A.变比相等　　　　　　　　　　　　B.连接组标号相等

C.短路阻抗相等　　　　　　　　　　D.短路电压标幺值相等

14.变压器的空载损耗(　　　)。

A.主要为铁损耗　　B.主要为铜损耗　　C.全部为铜损耗　　D.全部为铁损耗

15.变压器空载电流小的原因是(　　　)。

A.变压器的励磁阻抗大   B.一次绕组匝数多,电阻大

C.一次绕组漏电抗大   D.变压器铁芯电阻很高

四、综合题(共 20 分)

1.画出交流接触器的电气符号并标注。(5分)

2.某低压照明变压器 $U_1 = 380$ V, $I_1 = 0.263$ A, $N_1 = 1010$ 匝, $N_2 = 103$ 匝,求二次绕组对应的输出电压 U_2 及输出电流 I_2。该变压器能否为一个 60 W 且电压相当低的照明灯供电?(5分)

3.有一台单相照明变压器,容量为 2 kV·A,电压为 380 V/36 V,现在低压侧接上 $U = 36$ V, $P = 40$ W 的白炽灯,使变压器在额定状态下工作,问能接多少盏灯?此时 I_1 及 I_2 的电流各为多少?(10分)

第2章

电动机基础知识

【学习目标】

1.了解单相异步电动机的类型、结构及工作原理。

2.了解直流电动机的类型、结构及工作原理。

3.了解三相异步电动机的类型及结构。

4.理解三相异步电动机的工作原理。

2.1 单相异步电动机及其应用

2.1.1 单相异步电动机的结构及原理

单相异步电动机是指用单相交流电源(AC220 V)供电的小功率单相异步电动机,其功率设计一般均不会大于 2 kW,适用于只有单相电源的小型工业设备和家用电器产品,如日常生活中的空调、电冰箱、洗衣机、电扇等都是采用单相异步电动机作为动力源。

1)单相异步电动机的结构

单相异步电动机的基本结构包括定子和转子两部分,其中定子由绕组和铁芯组成。铁芯一般由 0.5 mm 的硅钢片叠压而成。绕组分为主绕组和副绕组,主绕组又称工作绕组,副绕组又称起动绕组或辅助绕组。单相异步电动机的转子也由铁芯和绕组组成。其中铁芯也由0.5 mm的硅钢片叠压而成,绕组常为铸铝笼型。

单相异步电动机与三相异步电动机的结构相似,包括内转子结构、外转子结构和凸极式罩极电动机结构。

(1)内转子结构

此种电动机转子结构位于电动机内部,主要由转子铁芯、转子绕组和转轴组成。

定子结构位于电动机外部,主要由定子铁芯、定子绕组、机座、前后端盖和轴承等组成,如图 2-1 所示为内转子结构的台扇电动机。

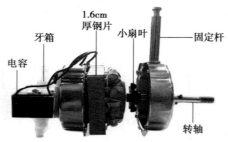

图 2-1 内转子结构的台扇电动机

(2)外转子结构

此种结构电动机的定子铁芯及定子绕组置于电动机内部,转子铁芯、转子绕组压装在下端盖内。上、下端盖用螺钉连接,并借助滚动轴承与定子铁芯及定子绕组一起组合成一台完整的电动机。

电动机工作时,上、下端盖及转子铁芯与转子绕组一起转动,如图 2-2 所示为外转子结构的吊扇电动机。

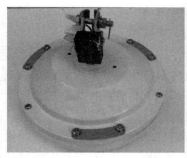

图 2-2　外转子结构的吊扇电动机

(3)凸极式罩极电动机结构

此种结构分为集中励磁罩极电动机和分别励磁罩极电动机两类,如图 2-3 所示。其中,集中励磁罩极电动机的外形与单相变压器相仿,套装于定子铁芯上的定子绕组接交流电源,转子绕组产生电磁转矩而转动。

（a）集中励磁罩极电动机　　　　　（b）分别励磁罩极电动机

图 2-3　凸极式罩极电动机结构

2) 单相异步电动机工作原理

在交流电机中,当定子绕组通过交流电流时,建立了电枢磁动势,它对电机能量转换和运行性能都有很大影响。所以单相交流绕组通入单相交流产生脉振磁动势,该磁动势可分解为两个幅值相等、转速相反的旋转磁动势和,从而在气隙中建立正转和反转磁场。这两个旋转磁场切割转子导体,并分别在转子导体中产生感应电动势和感应电流。该电流与磁场相互作用产生正、反电磁转矩。正向电磁转矩使转子正转;反向电磁转矩使转子反转。这两个转矩叠加起来就是推动电动机转动的合成转矩。

不论是正转磁场还是反转磁场,他们的大小与转差率的关系和三相异步电动机的情况是一样的。

单相电不能产生旋转磁场,要使单相电动机能自动旋转起来,可在定子中加上一个起动绕组,起动绕组与主绕组在空间上相差 90°,起动绕组要串接一个合适的电容,使得与主绕组的电流在相位上近似相差 90°,即分相原理。这样两个在时间上相差 90°的电流通入两个在空间上相差 90°的绕组,将会在空间上产生(两相)旋转磁场,在这个旋转磁场作用下,转子就能自动起动。

2.1.2 单相异步电动机的种类

单相异步电机的运行原理和三相异步电机的运行原理基本相同,但有其自身的特点。单相异步电动机通常在定子上有两相绕组,转子是普通笼型的。定子的两个绕组在定子上的分布及供电情况的不同,可以导致不同的起动特性和运行特性。

单相异步电动机没有起动转矩,不能自行起动,需要设法使它起动,即设法使它能产生一个旋转磁场。根据起动方法的不同,常见的单相电动机分为分相起动电动机、电容运转电动机和罩极电动机三类。其中,电容运转电动机在运行中不切除辅助绕组和电容器。辅助绕组和电容器均应按长期接在电动机上工作的情况进行计算和选择。下面着重介绍分相起动电动机和罩极电动机。

1)分相起动电动机

分相起动电动机又分为电阻分相起动单相异步电动机和电容分相起动单相异步电动机。起动时,在电动机辅助绕组中串以电阻(或辅助绕组本身比主绕组电阻大)或串以电容器,当电动机转速达到同步转速的80%左右时,再通过起动装置将起动绕组或电容器脱开电源。使电阻脱开电源的称为电阻分相起动电动机,使电容器脱开电源的称为电容分相起动电动机。

(1)电阻分相起动单相异步电动机

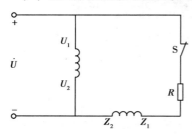

图 2-4 电阻分相起动单相
异步电动机原理图

①工作原理。电阻分相单相异步电动机的定子铁芯上嵌放有两套绕组,即工作绕组 U_1、U_2 和起动绕组 Z_1、Z_2。在电动机运行过程中,工作绕组自始至终接在电路中。一般工作绕组占定子总槽数的 2/3,起动绕组占定子总槽数的 1/3。工作绕组导线较粗,可看成纯电感负载,起动绕组导线细,又串有起动电阻 R,可近似看成纯电阻负载。其原理电路如图 2-4 所示。

在起动绕组中串联电阻来分相,即工作绕组电阻小,电抗大;起动绕组电阻大,电抗小。起动时,两组绕组同时工作,电动机开始起动,当电动机转速达到额定转速 70%~80% 时,起动开关 S 断开,将起动绕组从电源上切除,电动机靠工作绕组继续运行。

②电阻分相起动单相异步电动机的特点。起动转矩较小,只适用于空载或轻载起动的场合。起动绕组只能短时工作,起动完毕必须立即从电源上切除,否则有可能被烧损。

(2)电容分相起动单相异步电动机

①种类。电容分相单相异步电动机可根据起动绕组是否参与正常运行,分为电容运转单相异步电动机、电容起动单相异步电动机和双电容单相异步电动机三类,如表 2-1 所示。

表 2-1 电容分相单相异步电动机的种类

种类	实物图	原理图	起动与运行过程
电容起动单相异步电动机			电动机的起动绕组和电容只在电动机起动时起作用,当电动机起动即将结束时,利用开关 S 将起动绕组和电容器从电路中切除; 在电容起动单相异步电动机中,用来切除起动绕组电路的开关 S 通常有离心开关起动、起动继电器起动和 PTC 起动器起动三种控制方式
电容运转式单相异步电动机			在副绕组中串接一个电容器,然后与主绕组并联接入电源。副绕组(起动绕组)及电容始终参与工作; 适当地选择电容器容量和副绕组匝数,可以提高电动机的运行性能,使电动机具有较高的效率和功率因数,并且体积小、质量轻; 该类电动机起动转矩较低,只适用于起动转矩要求不高的场合,如电风扇、洗衣机、通风机、家用电器等
电容起动和运转单相异步电动机			在副绕组回路中串联两个互相并联的电容器,其中一个为起动电容和起动开关串联,另一个为工作电容。电动机起动后,当转速达到额定转速的 70%~80% 时,起动开关断开,将起动电容 C_1 切断,工作电容 C_2 仍接在电路中; 该类电动机具有较好的起动性能,较高的过载能力、效率和功率因数,较低的噪声,适用于带负载起动的场合,如小型机床、泵、家用电器等

②工作原理。如果将图 2-4 中的电阻 R 换成电容 C 就构成电容分相单相异步电动机。电容分相起动单相异步电动机的定子上有两套绕组：一套是工作绕组，另一套是起动绕组。它们的轴线在空间相隔 90°电角度。起动绕组与电容器、起动开关串联后和工作绕组并联接到同一单相电源上，当电动机转速达到额定转速的 70%~80%时，将副绕组断开，如图 2-5 所示。

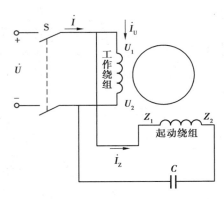

图 2-5　电容分相起动单相异步电动机

③电容分相起动式异步电动机的特点。起动绕组和电容按短时工作设计，起动性能好，起动电流小，但它的空载电流较大，功率因数和效率都不高，并要与适当的电容器匹配。它适用于起动转矩较大、起动电流较小的机械，广泛应用于小型空气压缩机、电冰箱、磨粉机、医疗器械、水泵。

要改变电容起动电动机的转向，只需将工作绕组或起动绕组的两个出线端对调即可。

④起动控制方式。

a.离心开关起动方式。

离心开关主要用于控制单相电动机的起动线圈。安装在电机轴上的离心机构随轴旋转，并通过电触点连接到固定开关上，以控制单相异步电动机中的起动绕组电路。起动时，起动回路通过离心开关导通开始起动，达到一定转速时离心开关断开自动切断起动回路，起动结束，电机变成运行状态。

离心开关由离心器和底板组成，如图 2-6 所示。离心片和压簧根据断开转速要求进行匹配，当电机起动过程中转速达到要求的断开转速时，离心片在离心力作用下张开，压簧压缩活络套随之后退，底板上的接触簧片的弹力将动触头断开，致使离心开关断开。反之，当电机断电时，转速下降，下降到同步转速的 30%~50%时，因离心力下降，离心片在 4 个压簧的作用下复位，活络套也复位，活络套把底板接触簧片压下，使簧片的动触头与底板上的定触头重新接触，离心开关又成通路，为下次起动作准备。

离心开关起动方式适用于小型空气压缩机、电冰箱、磨粉机、医疗器械、水泵等满载起动的机械。

b.起动继电器的起动方式。

有些电动机，如电冰箱电动机，由于它与压缩机组装在一起，并放置在密封的罐子里，

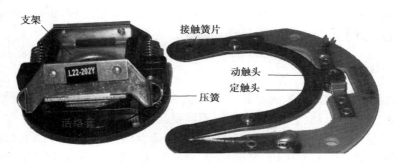

图 2-6 离心开关的结构

不便于安装离心开关,就用起动继电器代替,如图 2-7 所示。起动继电器有电流型、电压型、差分型等多种,较常用的为电流型起动继电器,它由吸引线圈 KA、动静触点等组成。吸引线圈 KA 串联在工作绕组 U_1、U_2 回路中,起动时,工作绕组中电流很大,使起动继电器衔铁被吸合,则串联在起动绕组 Z_1、Z_2 回路中的动合触点闭合,接通起动绕组电路,电动机处于两相绕组工作状态而开始起动。随着转子转速上升,工作绕组中的电流不断下降,吸引线圈的吸力也随之下降。当达到一定的转速时,电磁铁的吸力小于 KA 触点的反作用弹簧的拉力,触点断开,起动绕组就脱离电源,电动机正常运行。

c. PTC 起动器的起动方式。

PTC 热敏电阻是一种新型的半导体元件,可用作延时型起动开关,如图 2-8 所示。使用时将 PTC 元件与电容起动或电阻起动电机的副绕组串联。在起动初期,因 PTC 热敏电阻尚未发热,阻值很低,副绕组处于通路状态,电机开始起动。随着时间的推移,电机的转速不断增加,PTC 元件的温度上升,电阻剧增,此时的副绕组电路相当于断开。当电机停止运行后,PTC 元件温度不断下降,2~3 min 后可以重新起动。

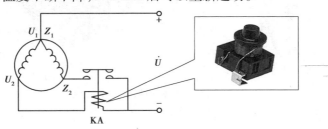

图 2-7 起动继电器控制的单相异步电动机原理图

图 2-8 PTC 起动器

PTC 起动器的优点：无触点，运行可靠、无噪声、无电火花，因而防火、防爆性能好，且耐振动、耐冲击、体积小、质量轻、价格低。

2）罩极电动机

用短路铜环或短路线圈把磁极的 1/4~1/3 罩起来便产生旋转磁场起动单相电动机，这种电动机称为罩极电动机。罩极电动机不需要起动装置和电容器。

为了获得起动转矩，在槽中放置铜环或短路线圈，称为罩极线圈。罩极线圈的作用是使一个原来没有旋转性质的磁场变成一个在极面上从未罩部分向被罩部分连续移动的磁场，因而具有旋转性质。

（1）结构及种类

单相罩极异步电动机是一种结构最简单的单相异步电动机，它的定子铁芯部分通常由厚 0.5 mm 以下的硅钢片叠压而成，转子仍为笼型。单相交流异步电动机不需要配置电容等起动元件而直接通电起动运转。

按磁极形式的不同，单相罩极异步电动机可分为凸极式和隐极式两种。其中凸极式结构最为常见，凸极式按励磁绕组布置的位置不同又可分为集中励磁和单独励磁两种，如图 2-9 所示。由于励磁绕组均放置在定子铁芯内，故又可称为定子绕组。

（a）集中励磁　　　　　　　　　　（b）单独励磁

图 2-9　单相罩极异步电动机

（2）工作原理

定子通入电流以后，部分磁通穿过短路环，并在其中产生感应电流。短路环中的电流阻碍磁通的变化，使有短路环部分和没有短路环部分产生的磁通有了相位差，从而形成旋转磁场，使转子转起来。

（3）单相罩极异步电动机主要特点

单相罩极异步电动机小巧美观，结构紧凑，维护简单，起动转矩较小，噪声低，振动小。功率因数低约 0.6，效率很低，25% 以下。

罩极电机是不能反转的。

（4）单相罩极异步电动机主要用途

单相罩极异步电动机主要用于各型自动幻灯机、投影器等教学仪器、分析仪器、船舶动力设备及其他仪器的冷却或驱动电机。

2.1.3　单相异步电动机的调速控制

通过改变电源电压或电动机结构参数的方法,从而改变电动机转速的过程,称为调速。单相异步电动机常用的调速方法有以下几种。

1) 串联 PTC 调速

如图 2-10 所示为具有微风挡的电风扇调速电路。

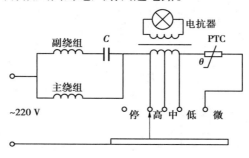

图 2-10　串联 PTC 调速

微风风扇能够在 500 r/min 以下送出风,如采用一般的调速方法,电动机在这样低的转速下很难起动。电路利用常温下 PTC 电阻很小,电动机在微风挡直接起动,起动后,PTC 阻值增大,使电动机进入微风挡运行。

2) 串联电抗调速

电抗器为一个带抽头的铁芯电感线圈,串联在单相电动机电路中起降压作用,通过调节抽头使电压降不同,从而使电动机获得不同的转速。

如图 2-11 所示为采用电抗器降压的电风扇调速电路。将电动机主、副绕组并联后再串入具有抽头的电抗,当转速开关处于不同位置时,电抗器的电压降不同,使得电动机端电压改变而实现有级调速。调速开关接高速挡,电机绕组直接接电源,转速最高;调速开关接中、低速挡,电机绕组串联不同的电抗器,总电抗增大,转速降低。

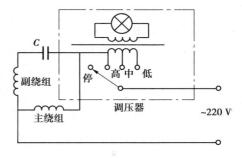

图 2-11　串联电抗调速

优点:接线方便、结构简单、维修方便,常用于简易的家用电器(如台式电风扇、吊式电风扇)中。

缺点:需要专用电抗器,成本高,耗能大,低速起动性能差。

串联电抗调速现已很少使用。

3）晶闸管调速

无级调速一般采用双向晶闸管作为电动机的开关。利用晶闸管的可控特性，通过改变晶闸管的控制角 α，使晶闸管输出电压发生改变，达到调节电动机转速的目的。在电源电压每个半周起始部分，双向晶闸管 VS 为阻断状态，电源电压通过电位器 R_P，电阻 R 向电容 C 充电，当电容 C 上的充电电压达到双向触发二极管 VD 的触发电压时，VD 导通，电容 C 通过 VD 向 VS 的控制极放电，使 VS 导通，有电流流过电机绕组。通过调节电位器 R_P 的阻值大小，可调节电容 C 的充电时间常数，也就调节了双向晶闸管 VS 的控制角 α，R_P 越大，控制角 α 越大，负载电动机 M 上电压变小，转速变慢。图 2-12 为吊扇使用的双向晶闸管调压调速电路。

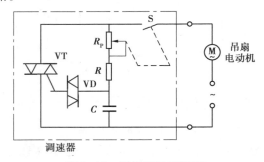

图 2-12 晶闸管调压调速

4）绕组抽头调速

绕组抽头调速，实际上是把电抗器调速法的电抗嵌入定子槽中，通过改变中间绕组与主、副绕组的连接方式，来调整磁场的大小和椭圆度，从而调节电动机的转速。采用这种方法调速节省了电抗器，成本低、功耗小、性能好，但工艺较复杂。实际应用中绕组抽头调速有 L 型和 T 型两种方法。

（1）L 型绕组抽头调速

L 型绕组抽头调速有 3 种方式，如图 2-13 所示。

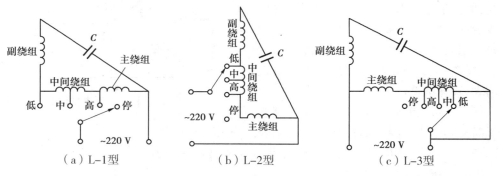

图 2-13 L 型绕组抽头调速

(2)T型绕组抽头调速

T型绕组抽头调速如图2-14所示。

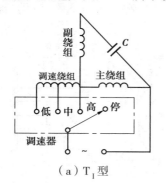
（a）T$_I$型

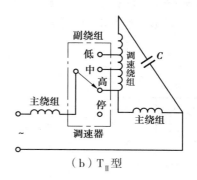
（b）T$_{II}$型

图2-14　T型绕组抽头调速

单相异步电动机的调速方式很多,上面介绍的是几种比较常见的方法。此外,自耦变压器调压调速、串电容器调速和变极调速等方法在某些场合也常常运用。

2.1.4　单相异步电动机的起动与反转控制

1)单相异步电动机的起动

单相异步电动机由于起动转矩为零,所以不能自行起动。为了解决单相异步电动机的起动问题,可在电动机的定子中加装一个起动绕组。如果工作绕组与起动绕组对称,即匝数相等,空间互差90°电角度,通入相位差90°的两相交流电,则可在气隙中产生旋转磁场,转子就能自行起动。转动后的单相异步电动机,断开起动绕组后仍可继续工作。

2)单相异步电动机的正反转控制

(1)分相式单相异步电动机

若要改变分相式单相异步电动机的转向,可以将工作绕组或起动绕组中的任意一个绕组接电源的两出线对调,即可将气隙旋转磁场的旋转方向改变,随之转子转向也改变。

用这种方法来改变转向,电路比较简单,可用于需要频繁正反转的场合。洗衣机中常用的正反转控制电路如图2-15所示。

(2)单相罩极式异步电动机的反转

单相罩极式电动机和带有离心开关的电动机,一般不能改变转向。

单相罩极式异步电动机,对调工作绕组接到电源的两个出线端,不能改变它的转向。因为这类电动机的定子用硅钢片叠压成具有突出形状的凸极,主绕组就绕在凸极上。每一极的一侧开有小槽,嵌放副绕组——短路铜环,通常称为罩极圈。这类电动机依靠其结构上的这种特点形成旋转磁场,使转子起动。如果要改变电动机的转向,则需拆下定子上叶凸极铁芯,调转方向再装进去,也就是把罩极圈由一侧换到另一侧,电动机的旋转向就会与原旋转方向相反,如图2-16所示。

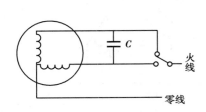

图 2-15　洗衣机正反转控制电路

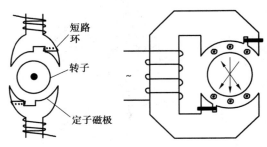

图 2-16　单相罩极式异步电动机的结构

2.1.5　单相异步电动机的典型故障处理

单相异步电动机的维护与三相异步电动机相似,要经常注意电动机转速是否正常,能否正常起动,温升是否过高,声音是否正常,振动是否过大,有无焦烟味等。

单相异步电动机典型故障及处理方法如表2-2所示。

表 2-2　单相异步电动机典型故障及处理方法

序号	故障现象	故障原因	处理方法
1	电源电压正常,但通电后电动机不转	(1)定子绕组或转子绕组开路 (2)离心开关触点未闭合 (3)电容器开路或短路 (4)轴承被卡住 (5)定子与转子相碰	(1)定子绕组开路可用万用表查找,转子绕组开路用短路测试器查找 (2)检查离心开关触点、弹簧等,加以调整或修理 (3)更换电容器 (4)清洗或更换轴承
2	接通电源后熔丝熔断	(1)定子绕组内部接线错误 (2)定子绕组有匝间短路或对地短路 (3)电源电压不正常 (4)熔丝选择不当	(1)用万用表检查绕组接线 (2)用短路测试器检查绕组是否有匝间短路,用兆欧表测量绕组对地绝缘电阻 (3)用万用表测量电源电压 (4)更换合适的熔丝

续表

序号	故障现象	故障原因	处理方法
3	运行时温度过高	(1)定子绕组有匝间短路或对地短路 (2)离心开关触点不断开 (3)起动绕组与工作绕组接错 (4)电源电压不正常 (5)电容器变质或损坏 (6)定子与转子相碰 (7)轴承不良	(1)用短路测试器检查绕组是否有匝间短路,用兆欧表测量绕组对地绝缘电阻 (2)检查离心开关触点、弹簧等,加以调整或修理 (3)测量两组绕组的直流电阻,电阻大者为起动绕组 (4)用万用表测量电源电压 (5)更换电容器 (6)找出原因,对症处理 (7)清洗或更换轴承
4	运行时噪声大或震动过大	(1)定子与转子轻度相碰 (2)转轴变形或转子不平衡 (3)轴承故障 (4)电动机内部有杂物 (5)电动机装配不良	(1)如无法调整,则需更换转子 (2)清洗或更换轴承 (3)拆开电动机,清除杂物 (4)重新装配电动机
5	绝缘性能下降,外壳带电	(1)定子绕组在槽口处绝缘损坏 (2)定子绕组端部与端盖相碰 (3)引出线或接线处绝缘损坏与外壳相碰 (4)定子绕组槽内绝缘损坏	(1)寻找绝缘损坏处,再用绝缘材料与绝缘漆加强绝缘 (2)寻找绝缘损坏处,再用绝缘材料与绝缘漆加强绝缘 (3)寻找绝缘损坏处,再用绝缘材料与绝缘漆加强绝缘 (4)一般需重新嵌线

2.2　直流电动机及其应用

2.2.1　直流电动机的结构及种类

直流电动机是将直流电能转换为机械能的电动机,因其良好的调速性能而在电力拖动中得到广泛应用。在需要均匀调速的拖动中,例如龙门刨床、可调速的轧钢机、电车、高炉装料系统等都广泛采用直流电动机。在控制系统中,直流电机应用也很广,如测速电机、伺服电机等。

1)直流电动机的基本结构

直流电动机主要由定子(固定的磁极)和转子(旋转的电枢)组成,如图 2-17 所示。定子的主要作用是产生主磁场,转子的主要作用是实现机械能和电能的转换。直流电动机主要部件有机座、电枢、电刷和换向器等,各主要部件的组成及作用具体如表 2-3 所示。

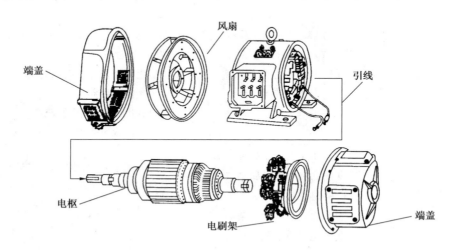

图 2-17　直流电动机的结构

表 2-3　直流电动机各主要部件的组成及作用

组成部分	部件		作用
静止部分	定子	定子铁芯	定子的主要作用是产生主磁场
		励磁线圈	
	换向磁极 (图 2-18)	换向磁极铁芯	减小直流电机换向时电刷与换向器之间的火花
		换向磁极绕组	
静止部分	机座		(1)作为磁轭传导磁通,是磁路的一部分; (2)用来固定主磁极、换向磁极和端盖等部件; (3)借用机座的底脚把电机固定在基础上
	电刷装置 (图 2-19)	电刷	连接转动的电枢电路和静止的外部电路
		刷握	
		刷杆	
		连线	
转动部分	电枢(又称转子) (图 2-20)	电枢铁芯 (又称转子铁芯)	实现机械能和电能的转换
		电枢绕组	

续表

组成部分	部件	作用
转动部分	换向器(图2-21)	将外加直流电源转换为电枢线圈中的交变电流,使电磁转矩的方向恒定不变
	风扇	通风散热
	转轴	一般用圆钢加工而成,起转子旋转的支撑作用
其他部分	转动部分还包括轴承等;静止部分包括端盖等	(1)装有轴承支撑电枢转动; (2)保护电机,避免外界杂物落进; (3)维护人身安全,防止接触电机内部器件

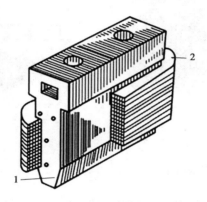

图 2-18　换向磁极

1—换向极铁芯;2—换向极绕组

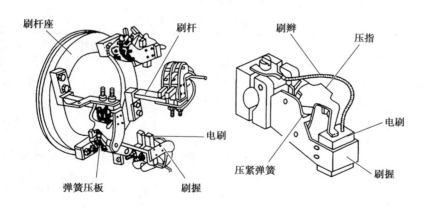

（a）电刷装置结构　　　　　（b）电刷在刷握中的安放

图 2-19　电刷装置

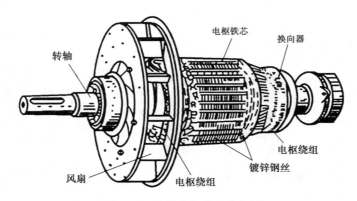

图 2-20　直流电机转子结构图

图 2-21　换向器

2) 直流电机的种类及应用

直流电机的励磁方式是指对励磁绕组如何供电、产生励磁磁通势而建立主磁场的问题。根据励磁方式的不同,直流电机可分为他励、并励、串励和复励 4 种,如表 2-4 所示。直流电机的励磁方式不同,运行特性和适用场合也不同。

表 2-4　直流电机的分类及应用

种类	结构说明	图示	主要性能特点	典型应用
他励直流电机	励磁绕组由其他直流电源供电,与电枢绕组之间没有电的联系。永磁直流电机属于他励直流电机,其励磁磁场与电枢电流无关		机械特性硬、起动转矩大、调速范围宽、平滑性好	应用于调速性能要求高的生产机械,如大型机床（车、铣、刨、磨、镗）、高精度车床、可逆轧钢机、造纸机、印刷机等
并励直流电机	励磁电压等于电枢绕组端电压,励磁绕组的导线细而匝数多。励磁绕组与电枢绕组并联			

续表

种类	结构说明	图示	主要性能特点	典型应用
串励直流电机	励磁电流等于电枢电流,励磁绕组的导线粗而匝数较少。励磁绕组与电枢绕组串联	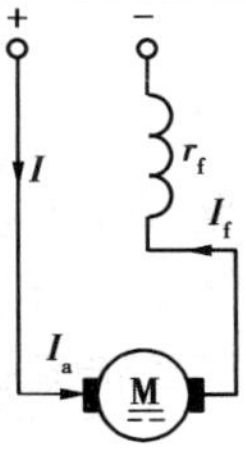	机械特性软、起动转矩大、过载能力强、调速方便	应用于要求起动转矩大、机械特性软的机械,如电车、电气机车、起重机、吊车、卷扬机、电梯等
复励直流电机	每个主磁极上套有两套励磁磁绕组,一个与电枢绕组并联,称为并励绕组。一个与电枢绕组串联,称为串励绕组。两个绕组产生的磁动势方向相同时称为积复励,两个磁势方向相反时称为差复励,通常采用积复励方式	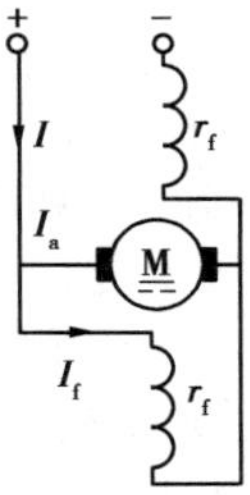	机械特性硬度适中、起动转矩大、调速方便	

3)直流电动机出线端标记

国产直流电动机出线端标记如表 2-5 所示。

表 2-5　国产直流电动机出线端标记

绕组名称	出线端标记		绕组名称	出线端标记	
	始端	末端		始端	末端
电枢绕组	A1 或 S1	A2 或 S2	并励绕组	E1 或 B1	E2 或 B2
换向极绕组	B1 或 H1	B2 或 H2	他励绕组	F1 或 T1	F2 或 T2
串励绕组	D1 或 C1	D2 或 C2			

4)直流电机的优缺点

优点:控制性能好、速度容易调节、技术成熟、成本低。

缺点:转换器和电刷独立,速度提升不佳;电刷容易出故障;维修成本高。

2.2.2　直流电动机的起动、制动和调速

1)直流电动机的起动

(1)直流电动机起动的基本要求

直流电动机起动的基本要求如下:

①要有足够大的起动转矩。

②起动电流要在一定的范围内。

③起动设备要简单、可靠。

（2）直流电动机的起动方式

直流电动机由静止状态达到正常运转的过程称为起动。直流电动机的起动方式有全压起动、串电阻起动和降压起动 3 种,如表 2-6 所示。

表 2-6　直流电动机的起动方式

起动方式	说　明	图　示
全压起动	直接将电动机接在额定电压的电源上进行起动,在起动的过程中无限流、降压措施的起动方式称作全压起动。 起动前先合上励磁开关 S_1,建立主磁场;然后合上开关 S_2,使电动机直接起动。 全压起动方法只适用于功率为 1~2 kW 的小功率直流电动机	
串电阻起动	对于不同类型和规格的直流电动机,对起动电阻的级数要求也不尽相同,起动电阻阻值的大小需通过精确的计算。 在起动过程中,要保证切除外加电阻时电枢的电流不超过限定值,应采用随着转速的上升,逐级切除电阻,完成电动机的分级起动。 由于电阻上有能量损耗,因此该起动方法基本上趋于淘汰	
降压起动	当直流电源电压可调时,可以采用降压方法起动。起动时降低电源电压,起动电流将随电压的降低而成正比减小,电动机起动后,再逐步提高电源电压,使电磁转矩维持在一定数值,保证电动机按需要的加速度升速。 降压起动需要专用电源,设备投资较大,但它起动电流小,升速平稳,并且起动过程中能量消耗也小,因而得到广泛应用。对于需要经常起动的大容量电动机,常常采用降压起动的方法	

2）直流电动机的制动

直流电动机的制动分机械制动和电气制动两种,这里只讨论电气制动。所谓电气制动,就是指使电动机产生一个与转速方向相反的电磁转矩起到阻碍运动的作用。

直流电动机的制动可分为能耗制动、反接制动和回馈制动。

（1）能耗制动

能耗制动是将直流电动机运行时的动能消耗在外加电阻上,使其转子很快停止运转的方法。能耗制动的特点是操作简便,制动转矩可以进行调节,可使生产机械准确地停在某一位置,但低速时,制动转矩小,拖长了制动时间。为了使电动机更快地停转,可在低速时,再加上机械制动。

能耗制动方法根据被制动直流电动机是他励还是串励而有所不同。

图 2-22 所示为直流电动机能耗制动电路。制动时,按下停止按钮 SB$_2$,接触器 KM$_1$ 失电释放,其动断触头接通,电压继电器 KV 获电动作,其动合触点闭合,制动接触器 KM$_2$ 获电动作,将制动电阻 R 并联在电枢两端,这时因励磁电流方向未变,电动机产生的转矩为制动转矩,使电动机迅速停转。当电枢反电势低于电压继电器 KV 释放电压时,KV 释放,KM$_2$ 失电释放,制动过程结束。

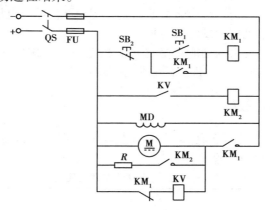

图 2-22　直流电动机能耗制动电路

（2）反接制动

反接制动分为电枢电压反向反接制动和倒拉反接制动。

当直流电动机在正向运转需要停止运行时,在切断直流电动机电源后,立即在直流电动机的电枢中通入反转的电流;而直流电动机在反向运转需要停止运行时,在切断直流电动机电源后,立即在直流电动机的电枢中通入正转的电流,从而达到使直流电动机在正、反转的情况下立即停车的目的。

并励直流电动机双向反接制动控制电路原理图如图 2-23 所示。在图中,当合上电源总开关 QS 时,断电延时时间继电器 KT$_1$、KT$_2$,电流继电器 KA 通电闭合;当按下正转起动按钮 SB$_1$ 时,接触器 KM$_1$ 通电闭合,直流电动机 M 串电阻 R$_1$、R$_2$ 起动运转;经过一定时间,接触器 KM$_6$ 闭合,切除串电阻 R$_1$,直流电动机 M 串电阻 R$_2$ 继续起动运转;又经过一定时间,接触器 KM_7 通电闭合,切除串电阻 R_2,直流电动机全速全压运行,电压继电器 KV 闭合,继而接触器 KM_4 通电闭合,完成正转起动过程。

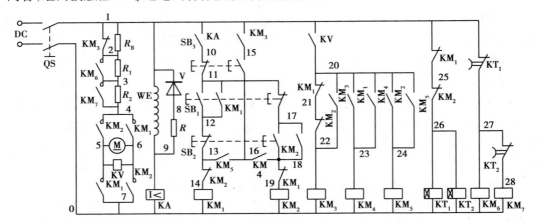

图 2-23　并励直流电动机双向反接制动控制电路原理图

(3)回馈制动

回馈制动也叫发电制动,当电动机励磁不变时,由于电动机的负载发生变化,电动机的实际转数大于理想的空载转数;当转数增大到一定程度使电源电压小于电枢反电势时,电流改变方向,于是电动机作为发电机运行。

回馈制动过程中,将机组的动能转变成电能回馈给电网,因此比较经济。这种制动常出现在由直流电动机拖动的电力机车下坡或调压调速过程中。

3)直流电动机的调速

直流电动机的调速方法有 3 种,即在电枢中串入电阻调速,改变电枢电压调速和改变电动机主磁通调速,如表 2-7 所示。

表 2-7　直流电动机调速及应用

调速方法	应用
在电枢中串入电阻调速	设备简单,但调速是有级的,调速的平滑性很差。 这种调速方法近来在较大容量的电动机上很少采用,只是在调速平滑性要求不高、低速工作时间不长、电动机容量不大、采用其他调速方法又不值得的地方采用这种调速方法
改变电枢电压调速	(1)调节的平滑性较高,可以得到任何所需要的转速。 (2)理想空载转速随外加电压的平滑调节而改变,调速的范围相对较大。 (3)可以靠调节电枢两端电压来起动电动机而不用另外添加起动设备。 (4)主要缺点是需要独立可调的直流电源,因而初投资相对较大。 这种调速方法的调速平滑,特性硬度大,调速范围宽等,所以具备良好的应用基础,在冶金、机床、矿井提升以及造纸机等方面得到广泛应用

续表

调速方法	应用
改变电动机主磁通调速	这种调速方法是恒功率调节,适于恒功率性质的负载。这种调速方法是改变励磁电流,所以损耗功率极小,经济效果较高。 由于控制比较容易,可以平滑调速,因此在生产中得到广泛应用

2.2.3 直流电动机的使用与维护

1) 直流电动机的选用

合理地选择电动机是正确使用的先决条件。选择恰当,电动机就能安全、经济、可靠地运行;选择得不合适,轻则造成浪费,重则烧毁电动机。在不同使用场合,要依据直流电机的特性来合理选用电机。

①并励式直流电动机基本上是一种恒定转速的电动机,因此在需要转速稳定的场所,如金属切削机床、球磨机等,应选用并励式直流电动机。

②串励式直流电动机起动转矩大、过载能力强,基本上是恒功率电动机。但转速随负载变化明显,负载转矩增大时转速会自动下降。城市无轨电车、叉车、起重机、电梯等,可选用串励式直流电动机。

③以并励为主的复励式直流电动机转速变化不大,且有较大的起动转矩,主要用于冲床、刨床、印刷机等。

④以串励为主的复励式直流电动机具有与串励式电动机相近的特性,但没有"飞车"危险,常用于吊车、电梯中。

2) 直流电动机使用前的检查

①用压缩空气或手动吹风机吹净电动机内部灰尘、电刷粉末等,清除污垢杂物。

②拆除与电动机连接的一切接线,用绝缘电阻表测量绕组对机座的绝缘电阻。若小于 0.5 MΩ 时,应进行烘干处理,测量合格后再将拆除的接线恢复。

③检查换向器的表面是否光洁,如发现有机械损伤或火花灼痕应进行必要的处理。

④检查电刷是否严重损坏,刷架的压力是否适当,刷架的位置是否位于标记的位置。

⑤根据电动机铭牌检查直流电动机各绕组之间的接线方式是否正确,电动机额定电压与电源电压是否相符,电动机的起动设备是否符合要求,是否完好无损。

3) 直流电动机的使用

①直流电动机在直接起动时因起动电流很大,这将对电源及电动机本身带来极大的影响。因此,除功率很小的直流电动机可以直接起动外,一般的直流电动机都要采取降压措施来限制起动电流。

②当直流电动机采用降压起动时,要掌握好起动过程所需的时间,不能起动过快,也不能过慢,并确保起动电流不能过大(一般为额定电流的1~2倍)。

③在电动机起动时就应做好相应的停车准备,一旦出现意外情况就应立即切除电源,并查找故障原因。

④在直流电动机运行时,应观察电动机转速是否正常;有无噪声、振动等;有无冒烟或发出焦臭味等现象,如有应立即停机查找原因。

⑤注意观察直流电动机运行时电刷与换向器表面的火花情况。直流电机在运行时,在电刷与换向器接触的地方,往往会因为换向而产生火花,按照国家技术标准规定,直流电机的火花分为5个等级,如表2-8所示。在直流电动机从空载到额定负载运行的所有情况下,换向器上的火花等级不应超过 $1\frac{1}{2}$ 级;在短时过电流或短时过转矩时,火花不应超过2级;在直接起动或逆转的瞬间,如果换向器与电刷的状态仍能适用于以后的工作,允许火花为3级。当火花超过上述限度时,便会使电刷与换向器损坏。

表2-8　直流电机火花等级

火花等级	电刷下火花程度	换向器及电刷的状态	允许运行方式
1级	无火花	换向器上没有黑痕;电刷上没有灼痕	允许长期连续运行
$1\frac{1}{4}$级	电刷边缘仅小部分有微弱的点状火花或非放电性红色小火花		
$1\frac{1}{2}$级	电刷边缘大部分或全部有轻微的火花	换向器上有黑痕出现,用汽油可以擦除;在电刷上有轻微灼痕	
2级	电刷边缘大部分或全部有较强烈的火花	换向器上有黑痕出现,用汽油不能擦除;同时电刷上有灼痕。短时出现这一级火花,换向器上不出现灼痕,电刷不致烧焦或损坏	仅在短时过载或有冲击负载时允许出现
3级	电刷的整个边缘有强烈的火花,即环火,同时有大火花飞出	换向器上有黑痕且相当严重;用汽油不能擦除;同时电刷上有灼痕。如在这一级火花短时运行,则换向器上将出现灼痕,电刷将被烧焦或损坏	仅在直接起动或逆转的瞬间允许出现,但不得损坏换向器及电刷

⑥串励电动机在使用时,应注意不允许空载起动,不允许用带轮或链条传动;并励或他励电动机在使用时,应注意励磁回路绝对不允许开路,否则都可能因电动机转速过高而导致严重后果的发生。

4)直流电动机的常见故障及排除

直流电动机的常见故障及排除如表2-9所示。

表 2-9　直流电动机的常见故障及排除

故障现象	可能原因	排除方法
不能起动	①电源无电压； ②励磁回路断开； ③电刷回路断开； ④有电源但电动机不能转动	①检查电源及熔断器； ②检查励磁绕组及起动器； ③检查电枢绕组及电刷换向器接触情况； ④负载过重或电枢被卡死或起动设备不合要求,应分别进行检查
转速不正常	①转速过高； ②转速过低	①检查电源电压是否过高,主磁场是否过弱,电动机负载是否过轻； ②检查电枢绕组是否有断路、短路、接地等故障；检查电刷压力及电刷位置；检查电源电压是否过低及负载是否过重；检查励磁绕组回路是否正常
电刷火花过大	①电刷不在中性线上； ②电刷压力不当或与换向器接触不良或电刷磨损或电刷型号不对； ③换向器表面不光滑或云母片凸出； ④电动机过载或电源电压过高； ⑤电枢绕组或磁极绕组或换向极绕组故障； ⑥转子动平衡未校正好	①调整刷杆位置； ②调整电刷压力、研磨电刷与换向器接触面、替换电刷； ③用细砂布研磨换向器表面,或向下挖削云母槽； ④降低电动机负载及电源电压； ⑤分别检查原因； ⑥重新校正转子动平衡
过热或冒烟	①电动机长期过载； ②电源电压过高或过低； ③电枢、磁极、换向极绕组故障； ④起动或正、反转过于频繁	①更换功率较大的电动机； ②检查电源电压； ③分别检查原因； ④避免不必要的正、反转
机座带电	①各绕组绝缘电阻太低； ②出线端与机座相接触； ③各绕组绝缘损坏造成对地短路	①烘干或重新浸漆； ②修复出线端绝缘； ③修复绝缘损坏处

2.2.4　直流伺服电动机

1) 直流伺服电动机的优缺点

①优点:精确的速度控制,转矩速度特性硬,原理简单、使用方便,价格较低。
②缺点:电刷换向,速度限制,附加阻力,产生磨损微粒(对于无尘室)。

2) 直流伺服电动机的结构

直流伺服电动机的工作原理、基本结构及内部电磁关系与一般用途的直流电动机相同。直流伺服电动机有电磁式和永磁式两种,其实物图及结构如图 2-24 所示。电磁式直流伺服电动机在定子的励磁绕组上用直流电流进行励磁;永磁式直流伺服电动机采用永久磁铁作磁极(省去了励磁绕组)。

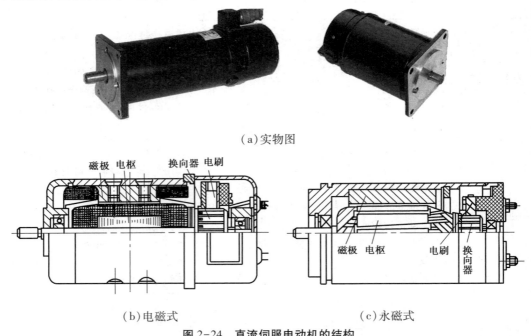

(a)实物图

磁极 电枢　　换向器 电刷

磁极　电枢　　　　电刷　换向器

(b)电磁式　　　　　　　　　(c)永磁式

图 2-24　直流伺服电动机的结构

3) 直流伺服电动机的控制方式

直流伺服电动机的控制方式有改变电枢电压的电枢控制和改变磁通的磁场控制两种。

电枢控制具有机械特性和控制特性线性度好,而且特性曲线为一组平行线,空载损耗较小,控制回路电感小,响应迅速等优点,所以自动控制系统中多采用电枢控制。磁场控制只用于小功率电机。

直流伺服电动机的调速方式有晶闸管相控整流器和大功率晶体管斩波器(PWM 调速单元)两种。

4) 直流伺服电动机的选用

选用直流伺服电动机,要注意选择电机的额定电压、额定转矩、额定转速机及座号等参数,并确定其型号。对于特殊用途电机还要注明使用条件和特殊要求等。

直流伺服电动机的品种和规格很多,为便于选用,表 2-10 介绍了国产品种的伺服电动机名称、性能特点、应用范围和应用说明。

表 2-10　国产直流伺服电动机的选用

序号	电动机名称	性能特点	应用范围	应用说明
1	电磁式直流伺服电动机	电动机的磁场是由直流电励磁，需要直流电源，磁通不随时间变化，但是受温度的影响	可用于作中、大功率直流伺服系统的执行元件，适用于要求快速响应的伺服系统	若采用电枢控制方法时，要特别注意在使用时首先要接通励磁电源，然后才能加电枢电压，避免长时间电枢电流过大而烧坏电动机；在电动机起动和运行过程中，绝对要避免励磁绕组断线以免电枢电流过大和造成"飞车"事故
2	永磁式直流伺服电动机	磁极由永久磁钢制成，无需直流励磁电源，只是磁性随时间而退化。机械特性和调节特性线性度好；机械特性下垂，在整个调速范围内都能稳定运行，气隙小，磁通密度高，单位体积输出功率大、精度高，电枢齿槽效应会引起转矩脉动，运行基本平稳；电枢电感大，高速换向困难	可用于小功率一般直流伺服系统的执行元件，但不适合要求快速响应的系统	由于永磁式直流伺服电动机磁极用永久磁钢制成，所以永磁材料性能的好坏直接影响永磁电动机运行的可靠性。在安装和使用这类电动机时，要注意防止剧烈振动和冲击；同时尽量不与热源（例如功放管）和铁磁性物质相接触，否则也会引起磁性衰退，从而影响电动机的永磁材料性能
3	直流力矩电动机	除具有永磁式直流伺服电动机的特点外，还具有精度较高，输出功率大，能在低速下长期稳定运行，甚至可以堵转运行；具有响应速度快、转矩和转速波动小；运行可靠，维护方便，机械噪声小	它和直流测速发电机配合可用于高精度的低速系统，还可作高精度位置和低速随动系统中的执行元件	可用于较大功率的伺服系统的驱动及执行元件
4	空心杯电枢直流伺服电动机	由于电枢比较轻，转动惯量极低，机电时间常数小；电枢电感小，电磁时间小，无齿槽效应，转矩波动小，运行平衡，换向良好，噪声低；机械特性和调节特性线性度好，机械特性下垂，气隙大，单位体积的输出功率小	适用于快速响应的伺服系统	用于小功率（10W以下）设备，可用于电池供电，用于便携式仪器

2.3 三相异步电动机及其应用

2.3.1 三相异步电动机的种类及结构

1) 三相异步电动机的种类

三相异步电动机是指当电动机的三相定子绕组(各相位差 120°电角度),通入三相交流电后,将产生一个旋转磁场,该旋转磁场切割转子绕组,从而在转子绕组中产生感应电流(转子绕组是闭合通路),载流的转子导体在定子旋转磁场作用下将产生电磁力,从而在电机转轴上形成电磁转矩,驱动电动机旋转,并且电机旋转方向与旋转磁场方向相同。三相电动机一般为系列产品,其系列、品种、规格繁多,因而分类也较多,这里介绍几种比较常用的分类方法。

根据电动机的转速与电网电源频率之间的关系,电动机可分为同步电动机和异步电动机两类,如表 2-11 所示。所谓同步电动机是指电动机的转速始终保持与交流电源的频率同步,不随所拖动的负载变化而变化的电动机,它主要用于功率较大、转速不要求调节的生产机械,如大型水泵、空气压缩机、矿井通风机等。所谓异步电动机是指由交流电源供电,电动机的转速随负载变化而稍有变化的旋转电机,这是目前使用最多的一类电动机。

表 2-11 三相异步电动机和三相同步电动机

电动机种类		主要性能特点	典型生产机械举例
异步电动机	笼型	机械特性硬,起动转矩不大,调速时需要调速设备	调试性能要求不高的各种机床、水泵、通风机等
	绕线型	机械特性硬(转子串电阻后变软)、起动转矩大、调速方法多、调速性能和起动性能较好	要求有一定调速范围、调速性能较好的生产机械,如桥式起重机;起动、制动频繁且对起动、制动转矩要求高的生产机械,如起重机、矿井提升机、压缩机、不可逆轧钢机等
同步电动机		转速不随负载变化,功率因素可调节	转速恒定的大功率生产机械,如大中型鼓风及排风机、泵、压缩机、连续式轧钢机、球磨机等

按电动机结构尺寸,可分为大型、中型和小型电动机,如表 2-12 所示。

表2-12 大型、中型和小型电动机

序号	电动机种类	说明
1	大型电动机	电动机机座中心高度大于630 mm,或者16号机座及以上,或定子铁芯外径大于990 mm
2	中型电动机	电动机机座中心高度为355~630 mm,或者11~15号机座,或定子铁芯外径为560~990 mm
3	小型电动机	电动机机座中心高度为80~315 mm,或者10号及以下机座,或定子铁芯外径为125~560 mm

按电动机转速不同分类,异步电动机可分为恒速电动机、调速电动机和变速电动机。

①恒速电动机有普通笼型、特殊笼型(深槽式、双笼式、高起动转矩式)和绕线型。

②调速电动机有换向器的调速电动机。一般采用三相并励式的绕线转子电动机(转子控制电阻、转子控制励磁)。

③变速电动机有变极电动机、单绕组多速电动机、特殊笼型电动机和转差电动机等。

按机械特性不同分类,异步电动机可分为普通笼型、深槽笼型、双笼型、特殊双笼型和绕线转子型。

①普通笼型异步电动机适用于小容量、转差率变化小的恒速运行的场所。如鼓风机、离心泵、车床等低起动转矩和恒负载的场合。

②深槽笼型适用于中等容量、起动转矩比普通笼型异步电动机稍大的场所。

③双笼型异步电动机适用于中、大型笼型转子电动机,起动转矩较大,但最大转矩稍小;适用于传送带、压缩机、粉碎机、搅拌机、往复泵等需要起动转矩较大的恒速负载上。

④特殊双笼型异步电动机用高阻抗导体材料制成;特点是起动转矩大,最大转矩小,转差率较大,可实现转速调节;适用于冲床、切断机等设备。

⑤绕线转子型异步电动机适用于起动转矩大、起动电流小的场所,如传送带、压缩机、压延机等设备。

按三相异步电动机的安装结构形式,异步电动机可分为卧式三相异步电动机、立式三相异步电动机、带底脚三相异步电动机、带凸缘三相异步电动机。

按三相异步电动机的保护方法,异步电动机可分为开启式(IP11)三相异步电动机、防护式三相异步电动机(IP22及IP23)、封闭式三相异步电动机(IP44)、防爆式三相异步电动机。

①开启式(IP11):散热条件好、价格便宜,由于转子和绕组暴露在空气中,只能用于灰尘少、气候干燥、无爆炸性和无腐蚀性气体的环境。

②防护式(IP22及IP23):通风散热条件较好,可防止铁屑、水滴等杂物进入电动机内部,只适用于气候较干燥且灰尘不多又无爆炸性和腐蚀性气体的环境。

③封闭式(IP44):适用于多尘、潮湿、易受风雨侵蚀,有腐蚀性气体等较恶劣的工作环

境,应用最普遍。

按三相异步电动机通风降温的方法,异步电动机可分为自扇冷式三相异步电动机、自冷式三相异步电动机、他扇冷式三相交流电动机、管道通风式三相异步电动机。

按三相异步电动机绝缘等级,异步电动机可分为 E 级三相异步电动机、B 级三相异步电动机、F 级三相异步电动机、H 级三相异步电动机。

按工作额度,异步电动机可分为断续三相异步电动机、连续三相异步电动机和间歇性三相异步电动机。

2)三相异步电动机的结构

三相异步电动机主要由定子(固定部分)和转子(旋转部分)两部分组成,根据转子构造的不同,又分为笼型和绕线型两种形式,如图 2-25 所示。笼型和绕线型转子异步电动机的定子结构基本相同,不同的只是转子部分。

图 2-25 三相异步电动机的基本结构

(1)三相异步电动机

三相异步电动机各个部件的作用如表 2-13 所示。

表 2-13 三相异步电动机各个部件的作用

名称	实物图	作用
散热筋片		向外部传导热量
机座		固定电动机
接线盒		电动机绕组与外部电源连接

续表

名称	实物图	作用
铭牌		介绍电动机的类型、主要性能、技术指标和使用条件
吊环		方便运输
定子		通入三相交流电源时产生旋转磁场
转子		在定子旋转磁场感应下产生电磁转矩,沿着旋转磁场方向转动,并输出动力带动生产机械运转
前、后端盖		固定
轴承盖		固定、防尘
轴承		保证电动机高速运转并处在中心位置的部件
风罩、风叶		冷却、防尘和安全保护

(2)定子绕组

三相定子绕组根据其在定子铁芯槽内的布置方式不同可分为单层绕组(即每一定子铁芯槽内只放置一个线圈边)和双层绕组(即每一定子铁芯槽内放置有上层和下层两个线圈边)。单层绕组一般用于功率较小(一般在 15 kW 以下)的三相异步电动机中,而功率稍大的三相异步电动机则用双层绕组。

三相异步电动机定子绕组的主要绝缘项目有对地绝缘、相间绝缘和匝间绝缘3种。

定子三相绕组的结构完全对称,一般有6个出线端 U_1、U_2、V_1、V_2、W_1、W_2 置于机座外部的接线盒内,根据需要接成星形(Y)或三角形(△),如图2-26所示。也可将6个出线端接入控制电路中实行星形与三角形的换接。

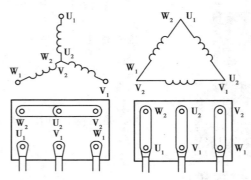

图2-26　三相异步电动机原理接线图及出线端

(3)转子绕组

电动机的电枢中按一定规律绕制和连接起来的线圈组称为转子绕组,它是电动机中实现机电能量转换的主要组成部件之一。组成电枢绕组的线圈有单匝的,也有多匝的,每匝还可以由若干并联导线绕成。线圈嵌入槽内的部分称为有效部分,伸出槽外的部分称为连接端部,简称端部。

实际应用中,中小型异步电动机转子多采用铸铝式,用熔化的铝液将导条、端环及用于通风散热的风叶铸成一个整体,绕线式转子绕组和定子绕组相似,也是采用绝缘导线绕制的三相对称绕组。转子的三相绕组一般都接成星形(Y),3根引出线分别连接到固定转轴的3个铜制滑环上。环与环之间以及环与轴之间彼此绝缘,在各个环上都装有一对电刷,通过电刷使转子绕组与外电路(例如起动或调速用电阻)接通,所以绕线式转子又称为滑环式转子。具有笼式转子的电动机称笼式电动机;具有绕线转子的电动机称为绕线式电动机,又称滑环式电动机。

(4)气隙

为了保证三相异步电动机的正常运转,在定子与转子之间有气隙。气隙对三相异步电动机的性能影响极大。气隙大,则磁阻大,由电源提供的励磁电流大,使电动机运行时的功率因数低。但气隙过小时,将使装配困难,容易造成运行中定子与转子铁芯相碰。一般气隙为0.2~1.5 mm。

(5)电动机铭牌

在三相异步电动机的机座上均装有一块铭牌,如图2-27所示。铭牌上标出了该电动机的型号及主要技术数据,供正确使用电动机时参考,现分别说明如下:

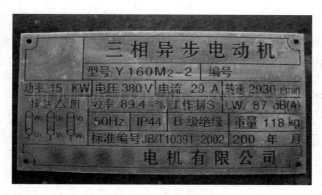

图 2-27　电动机的铭牌

①型号。例如 Y160M₂-2,"Y"表示是 Y 系列鼠笼式异步电动机(YR 表示绕线式异步电动机);"160"表示电机的中心高为 160 mm;电机型号中的 M、L、S 是指机壳的长度(M 表示中机座,L 表示长机座,S 表示短机座);"2"表示 2 级电机。

②功率。这里的功率是指额定功率,即电动机在额定状态下运行时,其轴上所能输出的机械功率。

③转速。这里的转速是指额定转速,即在额定状态下运行时的转速。

④效率。这里的效率是指电动机在额定工况下的转轴输出功率与电机输入电功率之比,以百分数表示。电动机的效率受多方面因素影响,包括电机自身结构、供电电源、工作条件等,铭牌效率是评价电机能效的重要指标之一。

⑤电压。这里的电压是指额定电压,即电动机在额定运行状态下,电动机定子绕组上应加的线电压值。Y 系列电动机的额定电压都是 380 V。

⑥电流。这里的电流是指额定电流,即电动机加以额定电压,在其轴上输出额定功率时,定子从电源取用的线电流值。

⑦防护等级。防护等级是指防止人体接触电机转动部分、电机内带电体和防止固体异物进入电机内的等级。

防护标志 IP44 的含义:IP——特征字母,为"国际防护"的缩写;44——4 级防固体(防止大于 1 mm 固体进入电机),4 级防水(任何方向溅水应无害影响)。

IP11 是开启型,IP22、IP23 是防护型,IP44 是封闭型。

⑧LW 值。LW 值指电动机的总噪声等级。LW 值越小表示电动机运行的噪声越低。噪声单位为 dB。

⑨工作制。工作制是指电动机的运行方式。一般分为"连续"(代号为 S₁)、"短时"(代号为 S₂)、"断续"(代号为 S₃)。

⑩额定频率。电动机在额定运行状态下,定子绕组所接电源的频率,叫额定频率。我国规定的额定频率为 50Hz。

⑪接法。接法表示电动机在额定电压下,定子绕组的连接方式(星形连接和三角形连接)。当电压不变时,如将星形连接改为三角形连接,这样电机线圈的电流过大而发热。如果把三角形连接的电动机改为星形连接,电动机的输出功率就会降低。国家标准规定,

凡 3 kW 及以下者均采用星形连接;4 kW 及以上者均采用三角形连接。

⑫绝缘等级。电动机的绝缘等级是指其所用绝缘材料的耐热等级,分 A、E、B、F、H 级。允许温升是指电动机的温度与周围环境温度相比升高的限度。

2.3.2 三相异步电机的工作原理

1)旋转磁场及其产生

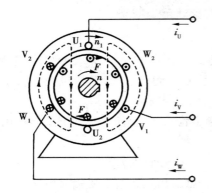

图 2-28 三相异步电动机的旋转原理

三相异步电动机的定子绕组是一个空间位置对称的三相绕组,如果在定子绕组中通入三相对称交流电,就会在定子、转子与空气隙中产生一个沿定子内圆旋转的磁场,该磁场称为旋转磁场,它是异步电动机工作的基本条件。

三相异步电动机的旋转是根据电磁感应原理而工作的,如图 2-28 所示,当定子绕组通过三相对称交流电,则在定子与转子间产生旋转磁场,该旋转磁场切割转子绕组,在转子回路中产生感应电动势和电流,转子导体的电流在旋转磁场的作用下,受到力的作用而使转子旋转。

2)旋转磁场的转速

旋转磁场的旋转速度与电流变化是同步的,旋转磁场的转速为

$$n_1 = 60f_1/p$$

式中,f_1 为电源频率,Hz;p 是磁场的极对数;n_1 旋转磁场的转速,r/min。

旋转磁场的转速 n_1 又称为同步转速。我国三相交流频率规定 50 Hz(每秒 50 次交变),因此 2 极的旋转速度是 3 000 r/min,4 极的为 1 500 r/min,6 极的为 1 000 r/min 等。

3)旋转磁场的方向

旋转磁场的旋转方向与绕组中电流的相序有关,相序 A、B、C 顺时针排列,磁场则顺时针旋转;若把 3 根电源中的任意两根对调,如将 B 相电流通入 C 相,C 相电流通入 B 相绕组中,则相序为 C、B、A,则磁场必定逆时针方向旋转。利用这一特性,我们可以很便利地转变电动机的方向。

综上所述,旋转磁场具有如下特点:

①在对称的三相绕组中,通入三相电流,可以产生在空间旋转的合成磁场。

②磁场的旋转方向与电流的相序一致。

③旋转磁场的转速(即同步转速)与电流频率和磁极对数有关。旋转磁场的转速 n_1 与交流电的频率 f_1 成正比,与电动机的磁极对数 p 成反比。

4) 转差率

一般状况下,电动机的实际转速 n 会低于旋转磁场 n_1。假设 $n=n_1$,则转子导条与旋转磁场就没有相对运动,就不会切割磁力线,也就不会产生磁转矩,所以转子的转速 n 必定小于 n_1。因此,异步电动机的"异步"就是指电动机转速 n 与旋转磁场转速 n_1 之间存在差异,两者的步调不一致。又由于异步电动机的转子导体并不直接与电源相接,而是依据电磁感应来产生电动势和电流,获得电磁转矩而旋转,因此又称感应电动机。

把异步电动机旋转磁场的转速,即同步转速 n_1 与电动机转速 n 之差称为转速差,简称转差,转差与旋转磁场转速 n_1 之比称为异步电动机的转差率,用 s 表示,即

$$s = \frac{n_1 - n}{n_1}$$

转差率 s 是异步电动机的一个重要物理量,s 的大小与异步电动机运行情况密切相关。其大小可反映异步电动机的各种运行情况和转速的高低。异步电动机负载越大,转速就越低,其转差率就越大;反之,负载越小,转速就越高,其转差率就越小。异步电动机带额定负载时,其额定转速很接近同步转速,因此转差率很小,一般为 0.01~0.06。

5) 三相异步电机的三种运行状态

在不同转差率的工作条件下,三相异步电动机分别对应于发电机、电动机、电磁制动三种不同运行状态,如图 2-29 所示。

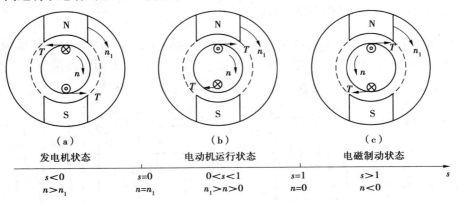

图 2-29　转差率 s 与异步电机运行状态

①转子正转并且转速高于同步转速时,处于发电机状态($n>n_1$ 或 $s<0$)。

n 上升到同步转速时电磁转矩已等于零,因此电机本身不会加速到同步转速以上,而采用原动机来带动电机,是可以实现的。这时转子导体中感应电动势、电流的有功分量及电磁转矩的方向将与电动机运行状态相反,电磁转矩为制动性质。在定子方面,因为转子电流改了方向,定子中因后者而感应的电流分量也将改变方向,此时,电机由转子转轴输入机械功率而从定子输出电功率。电机就处在发电机运行状态。

由此可见,异步电机的运行状态是可逆的,既可作电动机运行,又可作发电机运行。

②转子正转并且转速低于同步转速时($0<n<n_1$ 或 $0<s<1$),处于电动机运行状态。

正常运行时异步电机的转速接近同步转速,但不能等于同步转速。只要 $n<n_1$ 时,转子和旋转磁势之间有相对运动,转子就有电流,就能产生转矩,这个转矩就可克服负载的制动转矩而拖着转子转动。同时,在定子方面,因为转子方面存在电流,也将受感应而从电网输入相应的电流,输入有功功率。这时电机就处在电动机运行状态。

③转子反转($n<0$ 或 $s>1$),处于电磁制动状态。

如果用其他机械拖动电机使转子向着与旋转磁势相反的方向旋转,这时转子电势和电流的方向仍将和电动机时一样,转矩的方向仍保持旋转磁势的方向,与转向相反,因此将对定子和拖动机械起制动作用。同时转子电流未改方向,定子中的电流仍和电动机时同方向,仍有有功功率从电网输入,这时电机处于"电磁制动"状态。异步电机作为电磁制动运行时,一方面定子从电网吸收电功率,另一方面,外力也必须对转子供给机械功率。此时,电机从定子和转子同时输入的功率均将变为电机内部的损耗,转化为热能消耗掉了。

2.3.3 三相异步电动机的控制

三相异步电动机的控制,目前普遍采用的是继电器、接触器、按钮及开关等控制电器来组成控制系统,这种系统一般称为继电-接触器控制系统,这里主要介绍该控制系统的一些基础知识。

1)三相异步电动机的接法

三相异步电动机在额定电压下定子三相绕组的连接方法,分为星形和三角形两种,功率在 4 kW 以下的电动机一般采用星形接法,而功率在 4 kW 以上的电动机规定一律采用三角形接法,其接线方式可在电动机的接线盒中实现,如图 2-30 所示。

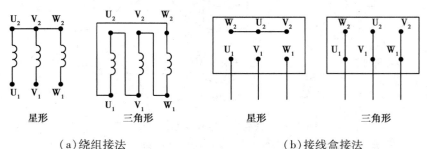

星形　　　　三角形　　　　星形　　　　三角形

（a）绕组接法　　　　　　　　　（b）接线盒接法

图 2-30　三相异步电动机的接法

2)三相异步电动机的起动控制

电动机从接通电源开始,转速从零增加到额定转速的过程称为起动过程。三相异步电动机的起动方法有直接起动和降压起动。直接起动是利用刀开关或接触器将电动机直接接到电源上。降压起动是在起动时降低加在定子绕组上的电压,以减小起动电流,当电动机转速升高到某一定数值时,再将全部电压加在电动机的绕组上。正确选用三相异步电动机的起动方法,既可以保证用电设备的正常使用,也可以维护电机的使用寿命。

（1）直接起动

直接起动又叫全电压起动,即给电动机定子直接加具有额定频率的额定电压使其从静止状态变为旋转状态的一种起动方法。电动机经熔丝通过三相开关与电源接通或断开,如图 2-31所示。

电动机直接起动设备简单、操作方便、起动时间短。但是,直接起动的起动电流大,为额定电流的 4~7 倍,容易引起电压出现较大的降落,在某些场合会给电动机本身及电网造成危险。通常,直接起动引起的电源电压降落不超过 15%,不致影响其他用电设备正常工作时,都允许直接起动。这种起动方法一般用于 10 kW以下的小容量鼠笼型异步电动机。

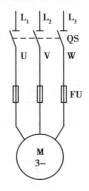

图 2-31　电动机直接
起动电路原理图

（2）降压起动

降压起动是指起动时降低加在电动机定子绕组上的电压,起动结束后切换到额定电压运行的起动方式。降压起动适用于不能直接起动而负载又比较轻的场合。

①定子串联电阻降压起动。

如图 2-32 所示为定子串联对称电阻的降压起动接线图。开始起动时,KM_1 闭合,将起动电阻 R_{st} 串接入定子电路中,接通额定的三相电源后,定子绕组的电压为额定电压减去起动电流在 R_{st} 上造成的电压降,实现降压起动。当电动机转速升高到某一定数值时,用开关 S将电阻短路,切除起动电阻,电动机全压运行在固有机械特性线上,直至达到稳定转速。

②自耦变压器降压起动。

自耦变压器降压起动是利用自耦变压器来降低起动电压,从而限制起动电流,其电路原理如图 2-33 所示。自耦变压器绕组一般有 65%、80% 等抽头,用以选择接线。起动时,将开关 SA_2 投向起动位置,电动机由三相自耦变压器 TA 二次侧的抽头引入低压而起动;待电流表指针下跌到稳定值时,再将开关投向上方运行位置,电动机在全压下运行。起动过程分 3 步,即降压→延时→全压。

在实际使用中都把自耦变压器、开关触点、操作手柄等组合在一起构成自耦减压起动器（又称起动补偿器）。

这种起动方法的优点是可以按容许的起动电流和所需的起动转矩来选择自耦变压器的不同抽头实现降压起动,而且不论电动机定子绕组采用星形连接或三角形连接都可以使用。缺点是设备体积大,投资较大,不能频繁起动,主要用于带一定负载起动的设备上。

③Y-△降压起动。

如图 2-34 所示为三相异步电动机 Y-△降压起动原理图,它的主电路除熔断器和热元件外,另由 3 个接触器的动合主触点构成。其中 KM_1 位于主电路的前段,用于接通和分断主电路,并控制起动接触器 KM_3 和运行接触器 KM_2 电源的通断。KM_3 闭合时,电动机绕组连接成 Y 形,实现降压起动;KM₂ 则是在起动结束时闭合,将电动机绕组切换成△形,实现全压运行。

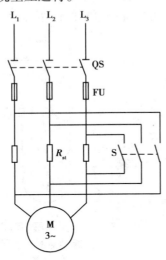

图 2-32　定子串联对称电阻降压起动原理图

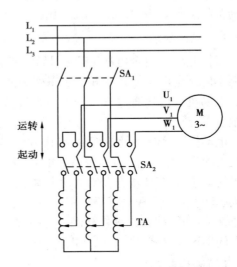

图 2-33　自耦变压器降压起动原理图

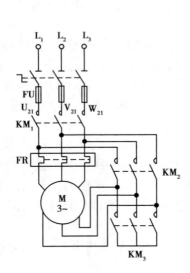
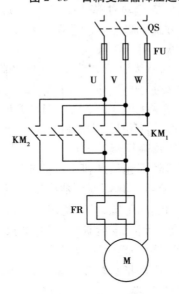

图 2-34　Y-△降压起动原理图

用 Y-△降压起动时,起动电流为直接采用三角形连接时起动电流的 1/3,所以对降低起动电流很有效,但起动转矩也只有用三角形连接直接起动时的 1/3,即起动转矩降低很多,故只能用于轻载或空载起动的设备上。此法的最大优点是所需设备较少、价格低,因而获得了较为广泛的采用。由于此法只能用于正常运行时为三角形连接的电动机上,因此我国生产的 JO2 系列、Y 系列、Y2 系列三相笼型异步电动机,凡功率在 4 kW 及以上者,正常运行时都采用三角形连接。

3) 三相异步电动机的反转控制

三相异步电动机的旋转方向与旋转磁场的旋转方向一致,而旋转磁场的旋转方向取决于三相电流的相序。因此,要改变电动机的旋转方向,必须改变三相交流电的相序。实际上,只要将接到电源的任意两根连线对调即可,如图 2-35(a)所示。

如图 2-35(b)所示为电动机反转的控制线路。图中,QS 为三极隔离开关,FU 为熔断器,用于电路的短路保护,FR 为热继电器,对电动机起过载保护作用。当正转时,KM_1 闭合,KM_2 断开;当反转时,KM_2 闭合,KM_1 断开,由于调换了两根电源线,所以电动机反转。

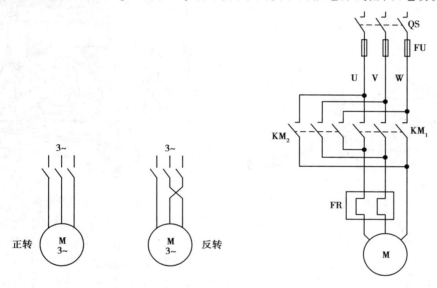

(a)改变电源相序   (b)反转控制电路

图 2-35 电动机反转控制

为此,只要用两个交流接触器就能满足这一要求,当正转接触器 KM_1 工作时,电动机正转。当反转接 KM_2 工作时,由于调换了两根电源线,所以电动机反转。

如果两个接触器同时工作,那么将有两根电源线通过它们的主触头而使电源短路。所以对正反转控制线路最根本的要求是:必须保证两个接触器不能同时工作。这种在同一时间里两个接触器只允许一个工作的控制作用称为联锁或互锁。

但是这种控制电路有个缺点,就是在正转过程中要求反转,必须先按停止按钮,让联锁触头 KM_1 闭合后,才能按反转起动按钮使电动机反转。这给操作带来不便,为了解决这一问题,在生产中常采用复式按钮和触头联锁的控制电路。

4) 三相异步电动机的制动控制

在技术上,让电动机断开电源后迅速停止的方法,叫作制动。使电动机制动的方法有多种,应用广泛的有机械制动和电力制动两类。

(1) 机械制动

所谓机械制动是指利用机械装置使电动机切断电源后立即停转。目前广泛使用的机械制动装置是电磁抱闸,其主要工作部分是电磁铁和闸瓦制动器。电磁铁由电磁线圈、静铁芯和衔铁组成,如图 2-36 所示;闸瓦制动器由闸瓦、闸轮、弹簧和杠杆等组成,如图 2-37 所示。其中,闸轮与电动机转轴相连,闸瓦对闸轮制动力矩的大小可通过调整弹簧作用力来改变。

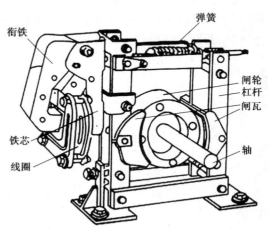

图 2-36 电磁铁

图 2-37 闸瓦制动器

电磁抱闸控制电路原理如图 2-38 所示。若需电动机起动运行,先合上电源开关,再按下起动按钮 SB_2,接触器线圈 KM(4—5)通电,其主触点与自锁触点同时闭合,在向电动机绕组供电的同时,电磁抱闸线圈也通电,电磁铁产生磁场力吸合衔铁,衔铁克服弹簧的作用力,带动制动杠杆动作,推动闸瓦松开闸轮,电动机立即起动运转。

如要停车制动时,只需按下停车按钮 SB_1,分断接触器 KM 的控制电路,KM 线圈断电,释放主触点,分断主电路,使电动机绕组和电磁抱闸线圈同时断电,电动机断电后在凭惯性运转的同时,电磁铁线圈因断电释放衔铁,弹簧的作用力使闸瓦紧紧抱住闸轮,闸瓦与闸轮之间强大的摩擦力使电动机立即停止转动。

电磁抱闸制动的优点是通电时松开制动装置,断电时起制动作用。如果运行中突然停电或电路发生故障使电动机绕组断电,闸瓦能

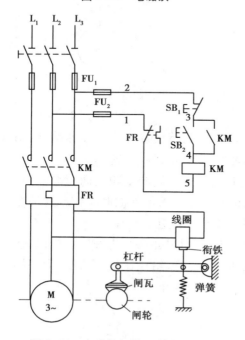

图 2-38 电磁抱闸控制电路原理图

立即抱紧闸轮,使电动机处于制动状态,生产机械亦立即停止动作而不会因停电而造成损失。如起吊重物的卷扬机,当重物吊到一定高度时,突然遇到停电,电磁抱闸立即制动,使重物被悬挂在空中,不致掉下。

(2)电力制动

电动机需要制动时,通过电路的转换或改变供电条件,使其产生跟实际运转方向相反的电磁转矩——制动转矩,迫使电动机迅速停止转动的制动方式叫电力制动。电力制动有反接制动和能耗制动等方式。

①反接制动。

反接制动的方法是利用改变电动机定子绕组中三相电源相序,使定子绕组中的旋转磁场反向,产生与原有转向相反的电磁转矩——制动力矩,使电动机迅速停转。

如图2-39所示,在电动机起动运行时,其动触点与上面3个静触点接触,电动机正向运转。如需电动机停转,将动触点拉离上方静触点,切断电源即可。若要制动,将动触点与下方3个静触点闭合,电动机绕组端头U、V、W由依次接电源相线的L_1、L_2、L_3调为依次接L_2、L_1、L_3,电源相序的改变,使定子绕组旋转磁场反向,在转子上产生的电磁转矩与原转矩方向相反。这个反向转矩即可使电动机惯性转速迅速减小而停止。当转速为零时,应及时切断反转电源,否则电动机将反转。所以,在反接制动中,应采用保证在电动机转速接近于零时能自动切断电源的装置,以防止反转的发生。在反接制动技术中,多采用速度继电器来配合实现这一目的。

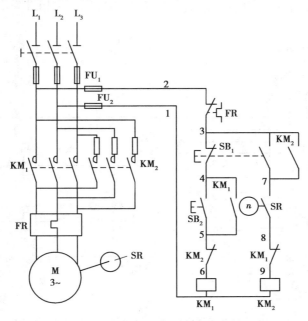

图2-39　反接制动控制电路原理图

速度继电器的转子与被控制电动机的转子装在同一根转轴上,其动合触点串联在电动机控制电路中,与接触器等配合,完成反接制动。在图 2-39 电路中,速度继电器的作用是反映电动机转速快慢并对其进行反接制动。主电路中串入限流电阻,用来限制电动机在制动过程中产生的强大电流,因为制动电流可达额定电流的 10 倍,容易烧坏电动机绕组。

该控制电路由两条回路组成,一条是以 KM₁ 线圈为主的正转接触器控制电路,它的作用是控制电动机起动运行,带动生产机械做功。另一条回路是以 KM₂ 线圈为主的反接制动控制电路,它的作用是需要电动机停止时,切换电源相序,完成反接制动。

②能耗制动。

能耗制动是在切断电动机三相电源的同时,从任何两相定子绕组中输入直流电流,以获得大小方向不变的恒定磁场,从而产生一个与电动机原转矩方向相反的电磁转矩、以实现制动。因为这种方式是用直流磁场来消耗转子动能实现制动,所以又叫动能制动或直流制动。

能耗制动时间的控制由时间继电器来完成。有变压器全波整流能耗制动控制线路如图 2-40 所示,其制动控制过程为:

按下 SB₂,KM₁ 得电且自保持,电动机运转。

欲使电动机停止,可以按下 SB₁,KM₁ 失电,同时 KM₂ 得电,然后 KT 得电,KM₂ 的主触头闭合,经整流后的直流电压通过限流电阻 R 加到电动机两相绕组上,使电动机制动。制动结束,时间继电器 KT 延时触点动作,使 KM₂ 与 KT 线圈相继失电,整个线路停止工作,电动机停车。

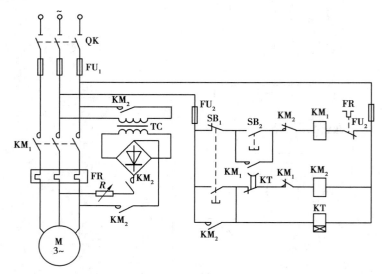

图 2-40 有变压器全波整流能耗制动控制电路原理图

无变压器半波整流能耗制动控制电路与有变压器全波整流能耗制动控制电路相比,省去了变压器,直接利用三相电源中的一相进行半波整流后,向电动机任意两相绕组输入直流电流作为制动电流,这样既简化了电路,又降低了设备成本。其电路结构如图 2-41 所示。

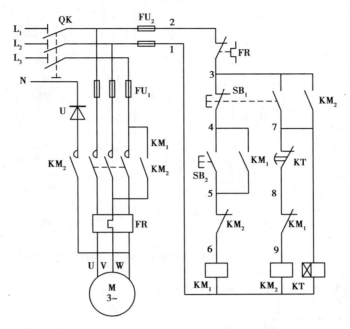

图 2-41　无变压器半波整流能耗制动控制电路原理图

5) 三相异步电动机的调速

(1) 用接触器控制的双速电动机调速电路

用接触器控制的双速电动机调速电路如图 2-42 所示,其控制电路主要由 2 个复合按钮和 3 个接触器线圈组成。在主电路中,电动机绕组连接成三角形,在 3 个顶角处引出 U_1、V_1、W_1;在三相绕组各自中间抽头引出 U_2、V_2、W_2。其中 U_1、V_1、W_1 与接触器 KM_1 主触点连接,U_2、V_2、W_2 与 KM_2 的主触点连接,U_1、V_1、W_1 三者又与接触器 KM_3 主触点连接。它们的控制电路由复合按钮和接触器辅助动断触点实现复合电气联锁。

(2) 用时间继电器控制的双速电动机电路

用时间继电器控制的双速电动机电路如图 2-43 所示。它的主电路和用接触器控制的双速电动机主电路相同。不同的是在控制电路的干路上加接了 3 个接点,能切换 2 个位置的开关 SA,在接触器 KM_2 线圈支路中又并联了时间继电器 KT 的电磁线圈。

(3) 变频调速

变频调速是改变电动机定子电源的频率,从而改变其同步转速的调速方法。变频调速系统主要设备是变频器,变频器可分成交流—直流—交流变频器和交流—交流变频器两大类。

变频调速的优点是效率高,调速过程中没有附加损耗;应用范围广,可用于笼型异步电

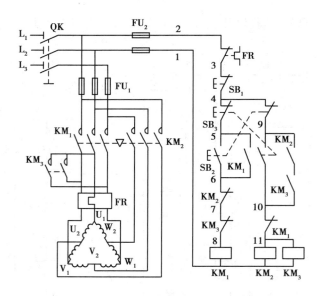

图 2-42　用接触器控制的双速电动机调速电路原理图

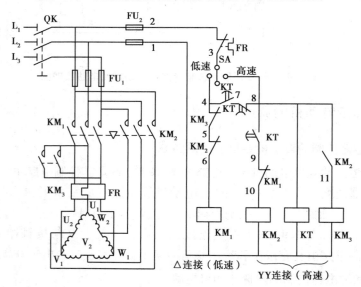

图 2-43　用时间继电器控制的双速电动机电路原理图

动机；调速范围大，特性硬，精度高；变频调速的优点适用于要求精度高、调速性能较好场合。

变频调速的缺点是技术复杂，造价高，维护检修困难。

此外，三相异步电动机的调速方法还有变极对数调速方法、串级调速方法、绕线式电动机转子串电阻调速方法、定子调压调速方法和液力耦合器调速方法等。

2.3.4　三相异步电动机的选用

在选用三相异步电动机时，应根据电源电压、使用条件、拖动对象、安装位置、安装环

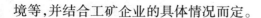

境等,并结合工矿企业的具体情况而定。

1)防护形式的选用

电动机带动的机械多种多样,其安装场所的条件也各不相同,因此对电动机防护形式的要求也有所区别。

(1)开启式电动机

开启式电动机的机壳有通风孔,内部空气同外界相流通。与封闭式电动机相比,其冷却效果良好,电动机形状较小。因此,在周围环境条件允许时应尽量采用开启式电动机。

(2)封闭式电动机

封闭式电动机有封闭的机壳。电动机内部空气与外界不流通。与开启式电动机相比,其冷却效果较差,电动机外形较大且价格高。但是,封闭式电动机适用性较强,具有一定的防爆、防腐蚀和防尘埃等作用,被广泛地应用于工农业生产中。

2)功率的选用

各种机械对电动机的功率要求不同,如果电动机功率过小,有可能带不动负载,即使能起动,也会因电流超过额定值而使电动机过热,影响其使用寿命甚至烧毁电动机。如果电动机的功率过大,就不能充分发挥作用,电动机的效率和功率因数都会降低,从而造成电力和资金的浪费。根据经验,一般应使电动机的额定功率比其带动机械的功率大 10% 左右,以补偿传动过程中的机械损耗,防止意外的过载情况。

3)转速的选择

三相异步电动机的同步转速:2 极为 3 000 r/min,4 极为 1 500 r/min,6 极为 1 000 r/min等,电动机(转子)的转速比同步转速要低 2%~5%,一般 2 极为 2 900 r/min 左右,4 极为 1 450 r/min 左右,6 极为 960 r/min 左右等。在功率相同的条件下,电动机转速越低,体积越大,价格也越高,功率因数与效率也越低,由此看来,选用 2 900 r/min 左右的电动机较好。但是,转速高,起动转矩变小,起动电流大,电动机的轴承也容易磨损。因此在工农业生产上选用 1 450 r/min 左右的电动机较多,其转速较高,适用性强,功率因数与效率也较高。

4)其他要求

除防护形式、功率和转速外,有时还有其他一些要求,如电动机轴头的直径、长度和电动机的安装位置等。

2.3.5　三相异步电动机典型故障的处理

电动机发生故障,会出现一些异常现象。如温度升高、电流过大、发生震动和有异常声音等。检查、排除电动机的故障,应首先对电动机进行仔细观察,了解故障发生后出现的异常现象。然后通过异常分析原因,找出故障所在,最后排除故障。三相异步电动机常见故障的原因及处理方法见表2-14。

表2-14 三相异步电动机常见故障的原因及处理方法

故障现象	可能原因	处理方法
合闸后电动机无任何动静	①电源不通; ②熔断器熔体熔断; ③过载保护装置调得过小; ④控制设备接线错误; ⑤定子绕组两相开路; ⑥热继电器动作后没有复位	①检查是否停电,开关、熔断器、接线盒及导线有无开路;如有,应予以接通; ②检查熔断原因,排除故障后更换合格熔体; ③将保护装置整定电流调到与电动机配套的值; ④改正接线; ⑤检修定子绕组; ⑥调整热继电器,使其复位
合闸后电动机不动,但有嗡嗡声	①一相电源缺电或一相熔体熔断; ②绕组首尾端接反或一相绕组内部接错; ③一相电源回路接触松动; ④负载过重,转子或生产机械卡住; ⑤电源电压过低; ⑥轴承破碎或卡住	①检查缺电原因,换上同规格熔体或修理缺电线路; ②检查并改正错接的绕组; ③清除接触面氧化层,紧固接线螺钉,并用万用表复核接触电阻; ④减轻负载或排除卡住故障; ⑤检查电源线是否过细,使线路损失大;或者误将绕组△连接接成Y连接; ⑥修理或更换轴承
合闸后电动机不转,但熔体立即熔断	①一相电源不通或定子线圈一相接反; ②定子绕组相间短路; ③定子绕组对地短路; ④定子绕组接错; ⑤熔体截面过小; ⑥电源线(或接线盒内)相间短路或对地短路	①修好缺相电源或故障绕组; ②查出短路点,消除短路故障; ③排除对地短路故障; ④检查并改正接错的定子绕组; ⑤更换合适熔体; ⑥排除短路点
起动困难,起动后转速严重低于正常值	①电源电压严重偏低; ②将△连接绕组错接为Y连接绕组; ③定子绕组局部接错、接反; ④笼型转子断条; ⑤绕组局部短路; ⑥负载过重	①检查电源电压,有条件时设法改善; ②改正连接; ③检查并改正错的绕组接线; ④修复断条; ⑤排除短路点; ⑥适当减轻负载
三相空载电流严重不平衡	①重绕时三相绕组匝数不等; ②部分绕组首尾端接反; ③三相电源电压不平衡; ④部分绕组匝间短路	①重绕定子绕组; ②检查改正错接的绕组; ③测量三相电源电压,有条件时设法调整; ④检查并排除短路故障

续表

故障现象	可能原因	处理方法
三相空载电流过大	①重绕时,三相绕组匝数过于减少; ②误将绕组由Y连接改为△连接; ③电源电压严重偏高; ④气隙过大或不均匀; ⑤转子装反,使定、转子铁芯未对齐,减小了有效长度; ⑥用热拆法拆旧绕组时将铁芯烧坏,质量变差	①按规定重绕定子绕组; ②改正绕组连接; ③检查电源电压,有条件时设法调整; ④更换合适转子并调整气隙; ⑤重新装配转子; ⑥重新计算绕组,适当增加匝数
运行中发生异响	①转子扫膛; ②扇叶与风罩相擦; ③轴承缺油,产生干摩擦; ④轴承破碎或严重磨损或润滑油中有硬粒异物; ⑤定子或转子铁芯松动; ⑥电源电压过高或三相不平衡	①检查并排除转子扫膛原因; ②调整扇叶与风罩之间的相对位置; ③清洁并加足润滑油; ④更换轴承或清洗轴承,重换润滑油; ⑤紧固有关松动部分; ⑥检查电源电压,有条件时调整
运行中振动剧烈	①机座与基础紧固件松动; ②基础松软,强度不够; ③与生产机械连接部位未校准; ④转轴弯曲; ⑤转子重量不平衡、单边; ⑥气隙不均匀; ⑦风扇不平衡; ⑧轴承破碎或严重磨损; ⑨转子断条	①重新紧固地脚螺钉; ②加固基础; ③校准连接部位; ④校直或更换转轴; ⑤校正转子动平衡; ⑥调整气隙; ⑦检修风扇,校正平衡; ⑧更换轴承; ⑨修复断路笼条
轴承过热	①润滑油过多、过少或变质干涸; ②润滑油质量太差或有杂质; ③轴承与轴颈、端盖轴承座孔配合过松,轴承走内圆或外圆; ④轴承盖装配不到位或内孔偏心,内孔与转轴相擦; ⑤端盖未装平; ⑥联轴器未校正或皮带过紧; ⑦轴承间隙过大或过小; ⑧转轴弯曲	①按规定加足合格润滑油; ②更换合格润滑油; ③重新加工轴颈或端盖轴承座孔使其紧配合; ④重装或加工轴承盖; ⑤重装端盖; ⑥校正联轴器,调整皮带松紧度; ⑦更换合格轴承; ⑧校正转轴

91

续表

故障现象	可能原因	处理方法
电动机过热,甚至冒烟、冒火	①电源电压过高、过低或三相电压严重不平衡; ②转子扫膛; ③电动机频繁起动,频繁正反转或负载过重; ④缺相运行(缺一相电源); ⑤笼型转子断条; ⑥定子铁芯多次过热,质量变差; ⑦环境温度高,电动机散热不好; ⑧风扇或风道故障; ⑨定子绕组短路、接错	①检查电源电压,有条件时设法调整; ②检查扫膛部位,清除扫膛故障; ③按规定控制起动和正反转的次数,适当减轻负载; ④检查缺相原因,排除缺相故障; ⑤修复所断笼条; ⑥适量增加绕组匝数或修理更换铁芯; ⑦清洁电动机外壳,改进通风条件或采取降温措施; ⑧检修风扇,清理风道; ⑨检修定子绕组,排除故障
机壳带电	①电源相线与中线接错; ②绕组受潮,绝缘老化,大电流造成对地短路; ③保护接地线开路或接触不良	①检查并改正接线; ②烘烤,进行绕组绝缘处理,检查排除对地短路故障; ③检查并接牢保护接地装置

【课堂练习】

一、填空题

1.异步电动机的转子可分为_____和_____两种。

2.同步电动机本身_____起动转矩,转速_____负载变化。

3.在电动机正反转控制电路中必须有_____保护。

4.直流电动机的机械特性是指在端电压等于额定值时,励磁电流和电枢电阻不变的条件下,电动机的_____和_____之间的关系。

5.直流电动机常用的起动方法有电枢串电阻和_____两种。

6.电动机进行反接制动的方法是利用改变电动机_____三相电源。

7.三相异步电动机的起动方法有_____和_____。

8.三相笼型异步电动机降压起动 3 种主要方法为:_____、_____、_____。

9.采取 Y-△降压起动的电动机,正常运行时其定子绕组应是_____连接,减压起动时的电流和起动转矩都下降为直接起动时的_____倍。

10.为解决单相异步电动机不能自行起动的问题,常采用_____、_____和_____的形式。

二、判断题

1.单相交流电动机一个定子绕组串电容器是用来分相的,不是为提高功率因数。

( )

2.直流电机转子绕组通过的电流是交流电流。 ( )

3.直流发电机中的电刷间感应电势和导体中的感应电势均为直流电势。 ( )

4.自耦变压器降压起动的方法适用于频繁起动的场合。 ( )

5.三相异步电动机的转速越高,则电动机的转差率就越大。 ( )

6.电源电压下降一般不会影响异步电动机的电磁转矩。 ( )

7.三相异步电机不是三相交流电机,不可以接三相交流电源。 ( )

8.直流电机无电刷一样可以工作。 ( )

9.异步是指转子转速与磁场转速存在差异。 ( )

10.同一台直流电机既可作发电机运行,又可作电动机运行。 ( )

三、选择题

1.原理图中,各电器的触头都按( )时的正常状态画出。

A.通电 B.没有通电或不受外力作用

C.受外力 D.动作

2.单相电流通入一套定子绕组产生的磁场是( )。

A.旋转磁场 B.脉动磁场 C.恒定磁场 D.4 极磁场

3.能使用两个直流电源供电的电动机是( )。

A.并励直流电动机 B.串励直流电动机 C.复励直流电动机 D.他励直流电动机

4.直流电动机工作时,将外部送来的直流电转换成电动机内部的( )交流电零件。

A.电枢绕组 B.励磁绕组 C.换向器 D.电刷

5.变压器的铁芯采用 0.35 ~ 0.5 mm 厚的硅钢片叠压制造,其主要的目的是降低

( )。

A.铜耗 B.磁滞损耗 C.涡流损耗 D.磁滞和涡流损耗

6.改变三相异步电动机转向的方法是( )。

A.改变电源频率 B.改变电机的工作方式

C.改变定子绕组中电源的相序 D.改变电源电压

7.三相异步电动机有一相断路而成单相运行时,则( )。

A.电流变大而输出转矩变小 B.电流和输出转矩都变大

C.电流和输出转矩都不变 D.电流和输出转矩都变小

8.起动直流电动机时,磁路回路应( )电源。

A.与电枢回路同时接入 B.比电枢回路先接入

C.比电枢回路后接入 D.无法判断

9.直流电动机的额定功率是指(　　　)。

A.转轴上吸收的机械功率　　　　　　　B.转轴上输出的机械功率

C.电枢端口吸收的电功率　　　　　　　D.电枢端口输出的电功率

10.大型异步电动机不允许直接起动,其原因是(　　　)。

A.机械强度不够　　　B.电机温升过高　　　C.起动过程太快　　　D.对电网冲击太大

四、综合题

1.简述单相异步电动机的工作原理。

2.怎样实现单相异步电动机的反转?

3.为什么串励直流电机不能空载或者轻载运行?

4.简述直流电动机的工作原理,并说一说根据励磁方式的不同可分为哪些类型,不同类型直流电动机的特点是怎样的。

5.怎样实现直流电动机的反转?

6.简述三相异步电动机的工作原理及绕组结构特点。

7.三相异步电动的为什么要采用 Y-△降压起动控制? 其工作原理是什么?

8.改变三相异步电动机的转速,可通过什么方法来实现?

【自我检测】

完成时间:60 分钟,满分 100 分

一、填空题(每空 1 分,共 20 分)

1.控制电路应有的保护有过载、_____、_____、_____。

2.变压器是利用_____的原理,它的主要作用是_____、_____、_____。

3.我国三相四线制低压电源是三相交流异步电机的电源,其线电压为_____,相电压为_____,频率为 50 Hz,角频率为 314 rad/s ,各相初相角差为_____。

4.三相鼠笼型交流电动机主要由 _____、_____、其他部分 3 部分组成。

5.三相异步电动机 Y-△降压起动,接成_____起动时的线路电流只有接成_____直接起动时线路电流的1/3 倍,起动力矩也只有全电压起动力矩的_____倍。

6.直流电动机的调速方法有_____、_____、_____。

7.三相异步电动机按转子结构分为_____和_____两大类。

二、判断题(每小题 2 分,共 30 分)

1.在通电过程中,若发生温度过高、冒烟、强烈震动、异响等现象时,应立即断电。
　　　　　　　　　　　　　　　　　　　　　　　　　　　　　　　　　(　　　)

2.单相异步电动机的副绕组常与电容器相串联,从而使通过电流与主绕组电流相位互差 90°电角度,以便在通电时产生旋转磁场。　　　　　　　　　　　　　　　　　(　　)

3.直流电动机的主磁极由铁芯、励磁绕组组成,作用是产生工作磁场。　　　　(　　)

4.单相异步电动机与直流电动机的起动方法相同。　　　　　　　　　　　　(　　)

5.串励式直流电动机允许空载或轻载运行。　　　　　　　　　　　　　　　(　　)

6.所有电动机的定子铁芯都是由凸极形状的 0.5 mm 左右的硅钢片叠压而成的。
　　　　　　　　　　　　　　　　　　　　　　　　　　　　　　　　　　(　　)

7.低压开关可以用来直接控制任何容量的电动机起动、停止和正反转。　　　(　　)

8.三相异步电动机的转速与转差率有关,与其他无关。　　　　　　　　　　(　　)

9.三相异步电动机转子的转速越低,电机的转差率越大,转子电动势频率越高。
　　　　　　　　　　　　　　　　　　　　　　　　　　　　　　　　　　(　　)

10.三相异步电机不是三相交流电机,不可以接三相交流电源。　　　　　　(　　)

11.单相交流电动机一个定子绕组串电容器是用来分相的,不是为提高功率因数。
　　　　　　　　　　　　　　　　　　　　　　　　　　　　　　　　　　(　　)

12.同步电动机的同步是指旋转磁场转速与转子转速一致。　　　　　　　　(　　)

13.交流接触器铁芯嵌有铜短路环可用于消除吸合震动和噪声。　　　　　　(　　)

14.单相异步电动机的体积虽然较同容量的三相异步电动机大,但功率因数、效率和过载能力都比同容量的三相异步电动机低。　　　　　　　　　　　　　　　　(　　)

15.单相异步电动机只要调换两根电源线就能实现反转。　　　　　　　　　(　　)

三、选择题

1.直流电动机换向器的作用是(　　　)。
A.电源换向　　　　　B.改变电枢电流　　　C.产生附加磁通　　D.以上作用同时存在

2.直流电动机工作时,电枢电流的大小主要取决于(　　　)。
A.转速大小　　　　　B.负载转矩大小　　　C.电枢电阻大小　　D.电压高低

3.直流电动机回馈制动时,电动机处于(　　　)状态。
A.电动　　　　　　　B.发电　　　　　　　C.空载　　　　　　D.制动

4.只改变串励直流电机电源的正负极,直流电机转动方向会(　　　)。
A.不变　　　　　　　B.反向　　　　　　　C.不确定　　　　　D.周期性变化

5.三相异步电动机反接制动时,其转差率(　　　)。
A.小于 0　　　　　　B.大于 0　　　　　　C.等于 1　　　　　D.大于 1

6.三相异步电机改变定子磁极对数 P 的调速方法适用(　　　)调速。
A.绕线电机　　　　　　　　　　　　　B.直流电机
C.三相笼式异步电机　　　　　　　　　D.步进电机

7.大功率三相异步笼式电动机可以(　　　)。
A.直接起动　　　　　B.降压起动　　　　　C.转子并电阻起动　D.同步起动

8.直流电机电枢绕组通过的电流是(　　　)。

A.交流　　　　　　B.直流　　　　　　C.不确定　　　　　　D.交变电

9.三相异步电动机改变定子磁极对数 P 的调速方法适用(　　)调速。

A.绕线电机　　　　B.直流电机　　　　C.三相笼型异步电动机

10.直流电机的换向极绕组必须与电枢绕组(　　)。

A.串联　　　　　　B.并联　　　　　　C.垂直　　　　　　D.磁通方向相反

11.伺服电动机输入的是(　　)。

A.电压信号　　　　B.速度信号　　　　C.脉冲信号

12.三相异步电动机的连接方式主要有(　　)种。

A.1　　　　　　　B.2　　　　　　　C.3　　　　　　　D.4

13.直流电动机起动时电枢回路串入电阻是为了(　　)。

A.增加起动转矩　　B.限制起动电流　　C.增加主磁通　　D.减少起动时间

14.三相异步电动机正在空载运行时声响沉重、转动乏力,停机后再也无法空载起动,这种故障是(　　)引起的。

A.转子轴承碎裂　　　　　　　　B.缺一相电源

C.定子绕组接错接反　　　　　　D.定子绕组匝间局部短路

15.下列选项中,不属于直流电动机的调速方法的是(　　)。

A.改变电枢电路电阻　　　　　　B.改变励磁磁通

C.改变电源电压　　　　　　　　D.改变磁极对数

四、综合题

1.三相异步电动机的定子与转子分别由哪些部分组成? 其中定子和转子的作用是什么?

2.已知一台三相异步电动机的额定转速为 720 r/min,电源频率 f 为 50 Hz,试问该电机是几极的? 额定转差率为多少?

第3章

电动机电气控制电路

【学习目标】

1. 了解单相异步电动机正反转控制电路的结构及工作原理;

2. 了解单相异步电动机调速控制电路的结构及工作原理;

3. 了解单相串励直流电动机启动控制电路的结构及工作原理;

4. 掌握三相异步电动机点动控制电路的结构及工作原理;

5. 掌握三相异步电动机长动控制电路的结构及工作原理;

6. 掌握三相异步电动机正反转控制电路的结构及工作原理;

7. 掌握三相异步电动机星形–三角形降压启动控制电路的结构及工作原理。

8. 掌握双速电动机控制电路的结构及工作原理。

3.1 单相异步电动机电气控制电路

单相异步电动机是一种利用单相交流电源供电、其转速随负载变化而稍有变化的小容量交流电动机。由于它结构简单、成本低廉、运行可靠、维修方便,并可以直接在单相220 V 交流电源上使用,因此被广泛用于功率不大的家用电器和小型动力机械中,如电风扇、洗衣机、电冰箱、空调、抽油烟机、电钻、医疗器械、小型风机及家用水泵等。不仅如此,单相异步电动机在工农业生产及其他领域中也有应用。

单相异步电动机的不足之处是它与同容量的三相异步电动机相比,体积较大、运行性能较差、效率较低。因此,单相异步电动机一般只制成小型和微型系列,容量为几瓦、几十瓦或者几百瓦。

3.1.1 单相异步电动机正反转控制电路

单相异步电动机被广泛应用于工农业生产及人们日常生活中,根据实际需要,不仅需要电动机正转,有时还需要电动机反转。洗衣机正常工作时,利用正、反两个方向的旋转,才能将缸内的衣服压、挤、揉、搓洗得更干净。具有反转功能的吊顶式风扇在夏季时,设为正向,风扇扇叶正转,风感温柔凉爽;在冬季时,设为反向,风扇扇叶反转,使室内热气更均匀、温暖。可见,单相电动机的正反转在生活与生产中应用非常广泛。

单相异步电动机有两个定子绕组,一个是主绕组,即工作绕组,产生主磁场;另一个是副绕组,即辅助绕组(起动绕组),用来与主绕组共同作用而产生旋转磁场,使电动机产生起动转矩。这两个绕组在空间上相差 90°,通常是在起动绕组串联一个适当容量的电容器。要想单相异步电动机反转就必须改变旋转磁场的方向,使旋转磁场反转。

单相异步电动机的转向与旋转磁场的转向相同,因此要使单相异步电动机反转就必须改变旋转磁场的转向,其方法有两种:一种是把工作绕组(或起动绕组)的首端和末端与电源的接法对调;另一种是把电容器从一个绕组中改接到另一个绕组中(此法只适用于电容运行单相异步电动机)。

1)单相电容式异步电动机正反转控制电路

对于单相电容式异步电动机,通常采用互换工作绕组与起动绕组的方法,即将起动电容器从一个绕组改接到另一个绕组上,即可实现电动机的正反转,见表3-1。

表 3-1　单相电容式异步电动机正反转控制电路分析

电路类型	单相电容式异步电动机正反转控制电路
电气原理图	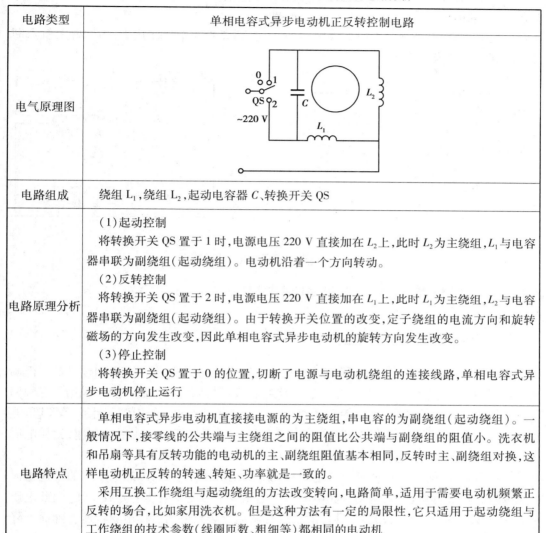
电路组成	绕组 L_1，绕组 L_2，起动电容器 C、转换开关 QS
电路原理分析	（1）起动控制 　　将转换开关 QS 置于 1 时，电源电压 220 V 直接加在 L_2 上，此时 L_2 为主绕组，L_1 与电容器串联为副绕组（起动绕组）。电动机沿着一个方向转动。 　　（2）反转控制 　　将转换开关 QS 置于 2 时，电源电压 220 V 直接加在 L_1 上，此时 L_1 为主绕组，L_2 与电容器串联为副绕组（起动绕组）。由于转换开关位置的改变，定子绕组的电流方向和旋转磁场的方向发生改变，因此单相电容式异步电动机的旋转方向发生改变。 　　（3）停止控制 　　将转换开关 QS 置于 0 的位置，切断了电源与电动机绕组的连接线路，单相电容式异步电动机停止运行
电路特点	单相电容式异步电动机直接接电源的为主绕组，串电容的为副绕组（起动绕组）。一般情况下，接零线的公共端与主绕组之间的阻值比公共端与副绕组的阻值小。洗衣机和吊扇等具有反转功能的电动机的主、副绕组阻值基本相同，反转时主、副绕组对换，这样电动机正反转的转速、转矩、功率就是一致的。 　　采用互换工作绕组与起动绕组的方法改变转向，电路简单，适用于需要电动机频繁正反转的场合，比如家用洗衣机。但是这种方法有一定的局限性，它只适用于起动绕组与工作绕组的技术参数（线圈匝数、粗细等）都相同的电动机

2）分相起动式单相电动机正反转控制电路

工作绕组或起动绕组任一组的首端与末端对调的方法，其实质是将其中任一套绕组反接，使其电流相位改变 180°。这种方法主要用于起动绕组与工作绕组技术参数不相同电容（电阻）起动异步电动机。

分相起动式单相电动机的接线盒有 6 个接线端子，电动机的电容、主副绕组和离心开关的连接如图 3-1 所示，利用两个连接板不同的接法实现电动机的正转和反转运行。图中，U_1—U_2、V_1—V_2 分别为工作绕组和起动绕组，C 为外接电容器，K 为电动机内部的离心开关。电动机起动后,当转速达到 80% 左右时,K 断开,切除 V_1—V_2,工作绕组拖动负载运行。

电机起动后,转速达到电机的额定转速,因受到离心锤的反作用力,微动开关触点断开使得起动电容失去作用。

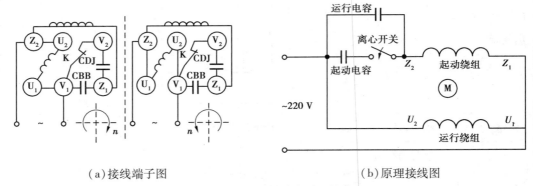

（a）接线端子图　　　　　　　　　　　（b）原理接线图

图 3-1　分相起动式异步电动机接线图

3.1.2　单相异步电动机调速控制电路

1) 单相异步电动机的调速

单相异步电动机调速有变频调速(改变电源频率)、调压调速(改变电压)以及变极调速(改变绕组磁极对数)等 3 种方法。改变绕组磁极对数调速的方法一般不采用。变频调速已经得到了广泛的应用,如变频空调、变频冰箱、变频洗衣机、单相风机、水泵等,其节能效果好,产品性能更佳,但价格相对较高。我们平时所用的都是低成本的调速,比如电风扇的调速、抽油烟机的调速等都是采用的有级调速,即调压调速。

调压调速有两个特点:一是电源电压只能从额定电压往下调,因此电动机的转速也只能从额定转速往低调;二是因为异步电动机的电磁转矩与电源电压平方成正比,因此电压降低时,电动机的转矩和转速都下降,所以这种调速方法只适用于转矩随转速下降而下降的负载(称为通风机负载),如电风扇、鼓风机等。

调压调速的方法很多,比较常用的有串电抗器调速、自耦变压器调速、串电容调速、绕组抽头法调速和晶闸管无级调速等 5 种。

(1) 串电抗器调速

电抗器为一个带抽头的铁芯电感线圈,串联在单相电动机电路中起降压作用,通过调节抽头使电压降不同,从而使电动机获得不同的转速,吊式电风扇串电抗器调速电路如图 3-2 所示。当开关 SA 在 1 挡时电动机绕组串联电抗器阻值最小(0 Ω),此时电机转速最高;开关 SA 在 5 挡时电动机绕组串联电抗器阻值最大,转速最低。简单地说,当需要慢速时,就把整个电抗器串接在风扇电机的绕组中;当要高速时,就切除电抗器。不同的挡位消耗的电量是不一样的。

（a）电抗调速器

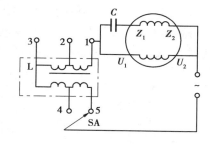
（b）电抗调速电路

图3-2 吊扇串联电抗器调速电路

串联电抗器调速实质是降压调速，电源电压本身没有变化，但一相绕组中串入了电抗器线圈使总匝数提高后，气隙中磁通量则要减少，拖动转矩一瞬间也会变小，转子转速就下降，以补充转子电流的不足，这就是降压引起了降速。

在电风扇电路中串入电抗器，接线方便、结构简单、维修方便，一般吊扇使用这种调速方法，有的台扇也会使用。这种调速的方法是将风扇电动机的绕组串接在适当的电抗器中，通过降压达到调速的目的。缺点是需要增加电抗器，使得成本增加，其本身消耗一定的功率，因此功率因素较低，且电动机在低速挡起动转矩较低。随着晶闸管无级调速的普遍推广，串联电抗器调速电路现已很少使用。

（2）自耦变压器调速

自耦变压器调速原理与电抗器调速原理基本相同，它比电抗器耗用的材料更多，但起动性能有较大的改善。自耦变压器的高压边投入电网，低压边接至电动机，如图3-3（a）所示，电路调速时整台电动机降压运行，因此低速挡起动性能较差。如图3-3（b）所示，电路调速时仅使得工作绕组降压运行，所以低速挡起动时性能较好，但接线比较复杂。

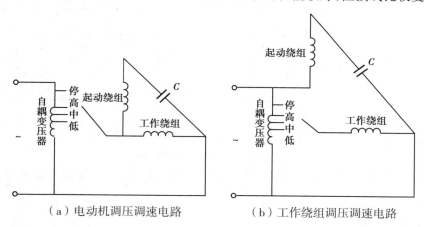

（a）电动机调压调速电路　　　　　（b）工作绕组调压调速电路

图3-3 自耦变压器调速电路

（3）串电容调速

电容调速是改变加在副绕组的电压相角关系间接改变主副绕组的电压，主绕组是恒

101

压,副绕组是变量。将不同容量的电容串入单相异步电动机电路也可实现对电动机的调速。由于电容容抗与电容量成反比,所以电容量越大,容抗越小,相应的电压降也小,电动机转速就越高;反之,电容量越小,容抗越大,相应的电压降越大,电动机转速就越低。

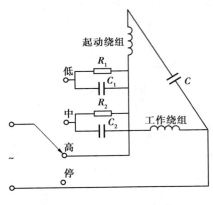

图 3-4   串电容调速电路

图 3-4 所示为具有三挡速度的串电容调速电路。其中电阻 R_1、R_2 为泄放电阻,在断电时将电容器中的电能泄放掉。因为电容器具有两端电压不能突变这一特点,所以在电动机起动瞬间,调速电容器两端电压为零,即电动机上的电压为电源电压,因此,电动机起动性能好。正常运行时电容器上没有功率损耗,故效率较高。

(4)绕组抽头法调速

如果将电抗器和电机结合在一起,在电动机定子铁芯上嵌入一个中间绕组(或称调速绕组),通过调速开关改变电动机气隙磁场的大小及椭圆度,可达到调速的目的。根据中间绕组与工作绕组和起动绕组的接线不同,常用的有 T 形接法和 L 形接法,如图 3-5 所示。其中 L 形接法调速时在低速挡中间绕组只与工作绕组串联,起动绕组直接加电源电压。因此低速挡时起动性能较好,目前使用较多。T 形接法低速挡起动时由于起动绕组串联了所有中间绕组的阻值,所以起动性能较差,且流过中间绕组的电流较大。目前普通电风扇使用绕组抽头调速法较多。

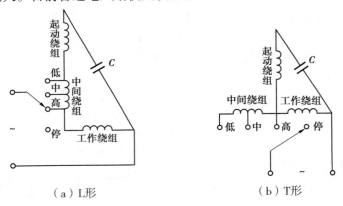

（a）L形　　　　　　　　　（b）T形

图 3-5   绕组抽头调速电路

与串电抗器调速相比,抽头调速法调速时用料省、耗电少,但是绕组嵌线和接线比较复杂。

(5)晶闸管调速

晶闸管具有体积小、质量轻、效率高、寿命长等优点,晶闸管调速技术已经非常成熟,其典型电路如图 3-6 所示。它主要由主电路和触发电路两部分构成。主电路是由电扇电容电动机和双向晶闸管 VT 组成的单相交流调压电路,触发电路是由氖管组成的简易触发电路,在双向晶闸管两端并接的 RC 元件利用电容两端电压不能突变的原理,起到晶闸管关断过程中过电压保护的作用。

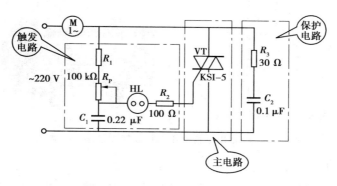

图 3-6 晶闸管调速电路

只要调节触发电路中电位器 R_P 的阻值,就可改变晶闸管 VT 的导通角,也就改变了电扇电动机两端的电压,因此实现了电扇的调速。由于 R_P 是无级变化的,因此电扇的转速也是无级变化的。目前无级调速的吊扇以及具有定时、分类、风速等多功能的电风扇就采用此方法调速。

3.1.3 单相串励直流电动机起动与调速控制电路

单相串励电动机因电枢绕组和励磁绕组串联在一起工作而得名。单相串励电动机既可以使用交流电源工作,也可以使用直流电源工作,被称为交直流两用电动机。单相串励直流电动机具有起动性能好、转速高、调速方便、过载能力强、体积小、质量轻等优点,广泛应用于电动工具、小型机床、医疗设备等,目前,一些扫地机、豆浆机、榨汁机等就采用此类电机。

1) 直流电动机的起动

直流电动机由静止状态达到正常运转的过程称为起动,直流电动机最常见的起动方法有全压起动和降压起动。

(1) 全压起动

全压起动又称直接起动,即直流电动机在起动时,加上额定电压直接起动电动机。由于直接起动时,电动机的起动电流很大,因此只能用于小容量的电动机上。

如图 3-7 所示,单相串励直流电动机的全压起动比较简单,只需在电动机两端加上合适的直流电源就能旋转起动。改变单相串励直流电动机上电流的方向就能实现电动机的反转。

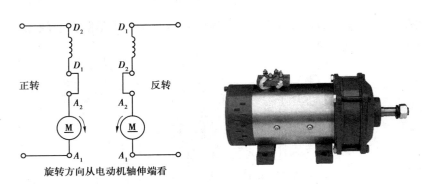

图 3-7　单相串励直流电机正反转原理图与实物图

（2）降压起动

电动机在起动时降低加在电枢绕组上的直流电压，使直流电动机开始转动，以后随着电动机转速的升高不断增加直流电压的数值，直到最后加上额定电压，电动机正常运转。降压起动目前主要采用由晶闸管构成的可控整流电路作为直流电动机的可调直流电源。

2）直流电动机的调速

直流电动机具有转速低、力矩大的特点，是交流电动机无法取代的。为了设备能够符合各方面的需求，我们通常会对其进行调速。直流电动机调速主要有以下 3 种方法。

（1）改变直流电动机两端的电压

保持直流电动机励磁磁通和电枢回路的电阻不变，调节电动机的电枢供电电压 U，转速 n 即随之发生变化。这种调速方法具有以下特点。

①当供电电压连续变化时，转速也可以连续平滑地变化，即可实现无级调速，且调运范围较大。但供电电压不能超过电动机的额定电压。因此，调节的速度均低于额定转速。

②降低电压时，电动机的机械特性与固有特性平行，调速的稳定度较高。

③调速时，因电枢电流与电压 u 无关，且磁通未变化，故电磁转矩不变，即为恒转矩调速。

④可以用调节电枢电压的办法来起动电动机，而不用其他起动设备。

由于这些特点，调压调速法在大型设备或精密设备上得到广泛应用。

（2）改变电动机的磁通量

保持电动机的电枢电压和电枢回路的电阻不变，调节励磁磁通，即改变了电动机的主磁通 φ，转速 n 随着磁通 φ 的降低而升高。这种调速方法可以平滑无级调速，但调速范围不大。

（3）串调节电动机的电阻

保持电动机的供电电压 U 和磁极的磁通量不变，调节电枢回路的电阻，就可得到不同种电动机控制电路。下面介绍三相异步电动机几种最常用的基本控制电路。初学者需先熟悉各种基本控制电路,从而学会看懂较复杂的控制电路。

3.2.1 三相异步电动机点动控制电路

所谓点动控制,就是用手按下按钮时电动机得电运行,当手松开按钮后,电动机失电停止运行。点动控制的特点是电动机起动、运转和停止都需要操作人员的参与,主要用于需要对生产机械进行调节的场合,如通过点动按钮控制,使电动机稍微转动,使生产机械作微小移动,实现对生产机械位置微调等。三相异步电动机点动控制电路分析见表3-4。

表 3-4 三相异步电动机点动控制电路分析

电路类型	三相异步电动机点动控制电路			
电气原理图				
电路组成	开关 QS,熔断器 FU,交流接触器 KM,热继电器 FR,起动按钮 SB。电动机点动控制电路各部分的作用(组成)及特点如下:			

电路	别称	作用(组成)	电流特点
电源电路	开关电路	为主电路、用电器和辅助电路提供总电源	电流大
主电路	一次电路	是电气控制电路中负载电流通过的电路,就是从电源到电动机的大电流通过的电路,由电源开关、接触器的主触点、热继电器的热元件、电动机定子绕组等组成。主电路受辅助电路控制	电流大
辅助电路	二次电路	包括控制电路、保护电路、各种联锁电路、信号报警电路等,有些还含有局部照明。辅助电路由继电器和接触器的线圈、继电器的触点、接触器的辅助触点、按钮、照明灯、信号灯、警铃(或电笛)、控制变压器等电器元件组成。辅助电路为主电路发出动作指令信号	电流回路多,但电流小,一般不超过 5 A

续表

电路原理分析	打开开关 QS,按下起动按钮 SB,常开触点闭合,KM 线圈得电,KM 主触点闭合,电动机得电运转;松开起动按钮 SB,常开触点断开,KM 线圈断电,KM 主触点断开,电动机失电停止运行
电路特点	该电路按下按钮 SB,电动机得电运转,松开按钮 SB,电动机失电停止运转,实现电动机的点动运行控制。点动按钮控制的是接触器线圈的小电流,而通过接触器控制的是主电路的大电流,这就达到了用小电流控制大电流的目的。此外,按钮的接线可以很长,就可以实现人机分离的远距离控制。 　(1)采用接触器控制,达到了以小电流控制大电流的目的,具有失压、欠压保护的作用。所谓失压和欠压保护,就是当电源停电或者由于某种原因电源电压降低过多(一般低于额定电压 85%以下)时,保护装置能使电动机自动从电源上切除。因为当失压或欠压时,接触器线圈电流将消失或减小,失去电磁力或电磁力不足以吸住动铁芯,因而能断开主触头,切断电源。 　(2)采用了熔断器,起短路保护作用。 　(3)采用了热继电器,起过载保护、断相保护(热继电器本身是不能起到断相保护的。在三相电机中,如果有一相电没有,必然会引起另外两相电流过大,如果把热继电器的保护触点串入交流接触器的线圈电路中,就可以起到断相保护作用),以及电流不平衡运行保护

在电动机控制电气图中,各电器的接线端子用国家标准规定的字母、数字、符号标记。

①三相交流电源的引入线用 L_1、L_2、L_3、N(中性线)、PE(保护线)标记,直流系统电源正极、负极、中间线分别用 L_+、L_- 与 M 标记。负载端三相交流电源及三相动力电器的引出线分别按 U、V、W 顺序标记。线路采用字母、数字、符号及其组合形式标记。

②分级三相交流电源主电路采用 U、V、W 后加数字 1、2、3 等来标记,如 U_1、V_1、W_1 及 U_2、V_2、W_2 等。

③电动机分支电路各接点标记,采用三相文字代号后面加数字来表示,数字中的个位数表示电动机代号,十位数表示该支路各接点的代号,从上到下按数字大小顺序标记。如 U_{11} 表示 M_1 电动机 L_1 相的第一个接点代号,U_{21} 为 M_1 电动机 L_1 相的第二个接点代号,以此类推。电动机绕组首端分别用 U、V、W 标记,尾端分别用 U′、V′、W′标记,双绕组的中点用 U″、V″、W″标记。

④控制电路采用阿拉伯数字编号,一般由三位或三位以下的数字组成。在垂直绘制的电路中,一般自上而下编号;在水平绘制的电路中,一般由左至右编号。标记的原则是,凡是被线圈、绕组、触点或电阻、电容元件等电器元件所隔开的线段,都应标以不同的线路标记(编号)。

识读电气控制电路图的基本步骤为:先看主电路,后看控制电路;并用控制电路的回路去研究主电路的控制程序,即根据控制电路各分回路中控制元件的动作情况,研究控制电路如何对电路进行控制。

续表

电路组成	开关 QS，熔断器 FU_1、FU_2，交流接触器 KM，热继电器 FR，点动运行按钮 SB_2，连续运行按钮 SB_1，停止按钮 SB_3
电路原理分析	(1)连续运转 打开开关 QS，按下连续运行按钮 SB_1，KM 线圈得电，KM 主触点闭合，KM 辅助触点闭合，SB_1 自锁，电动机连续运转。 (2)停止运转 按下停止按钮 SB_3，KM 线圈断电，KM 主触点断开，KM 辅助触点断开，电动机失电停止运转。 (3)点动运转 按下点动按钮 SB_2，SB_2 的常闭触点先断开，SB_2 的常开触点再闭合，KM 线圈得电，KM 主触点闭合，KM 辅助触点闭合，但是不能自锁，电动机点动运转，松开 SB_2，SB_2 常开触点断开，KM 线圈断电，电动机停止，SB_2 常闭触点闭合
电路特点	该电路按下按钮 SB_2，电动机点动运转；按下按钮 SB_1，电动机得电连续运转，从而实现电动机的点动、连续运行控制；电动机连续运转时，由停止按钮及起动按钮控制，接触器 KM 的辅助触点起自锁作用。 将点动复合按钮的常闭触点串联在自锁回路中，巧妙地实现了点动控制。采用接触器控制，达到了以小电流控制大电流的目的，具有失压、欠压保护的作用；采用熔断器，起短路保护作用；采用热继电器，起过载保护、断相保护，以及电流不平衡运行保护。 该电路的缺点：动作不够可靠，有可能点动起动按钮的常闭触点和常开触点不能同时返回而造成所带动的机械不能到达预定位置。例如，点动停止时，常开触点已经返回，而常闭触点不能或未及时返回，导致电动机多运行一段时间或停不下来

3.2.4　三相异步电动机正反转控制电路

三相异步电动机正反转控制电路是一种很经典的电路，在生产及生活中应用非常广泛，如车床、钻床、起重设备、电梯、传送带、木工用刨床等。

理论证明，三相异步电机要实现正反转控制，将其电源的相序中任意两相对调（亦称为换相）即可，通常是 V 相不变，将 U 相与 W 相对调，为了保证两个接触器动作时能够可靠调换电动机的相序，接线时应使接触器的上口接线保持一致，在接触器的下口调相。由于将两相相序对调，故须确保两个 KM 线圈不能同时得电，否则会发生严重的相间短路故障，因此必须采取联锁。为安全起见，常采用按钮联锁（机械）与接触器联锁（电气）的双重联锁正反转控制线路；使用了按钮联锁，即使同时按下正反转按钮，调相用的两接触器也不可能同时得电，机械上避免了相间短路。另外，由于应用的接触器联锁，所以只要其中一个接触器得电，其常闭触点就不会闭合，这样在机械、电气双重联锁的应用下，电机的供电系统不可能相间短路，有效地保护了电动机，同时也避免在调相时相间短路造成事故，烧坏接触器。

三相异步电动机正反转控制电路

　　一台三相异步电动机要想实现正反转,那就需要想办法调换三相电源中的两相。换相办法有很多,比如利用转换开关、接触器等。为了防止电动机在正转(反转)状态时起动反转(正转),造成主电路短路,在连接控制电路时要进行硬件互锁。互锁电路分为3种:一是按钮互锁;二是接触器互锁;三是按钮接触器复合互锁。在实际应用中,最为安全可靠的是采用按钮接触器复合互锁电路来进行换相实现电机正反转。

1) 三相异步电动机接触器互锁正反转控制电路

　　接触器互锁就是有效利用接触器的常闭辅助触点,防止因接触器主触头粘连而发生短路事故。假设某一个接触器的主触头因为电弧的烧伤而发生了粘连,在按下停止按钮后,该接触器的辅助常闭触点不会复位。因此,另一种状态的接触器就不会吸合。在选择起动按钮开关时,只要有一对常开触点的按钮开关就可以使用。

　　利用两个交流接触器交替工作,改变电源接入电动机的相序来实现电动机正反转控制。这种控制电路在早期也有一定的应用。

　　该电路的优点是工作安全可靠。正常操作时,只能按照正→停→反或反→停→正的顺序操作。

　　该电路的缺点是操作不方便。要改变电动机方向,必须先按停止按钮,缓冲一下,让电动机停下来,以减少对电动机的冲击。

　　三相异步电动机接触器互锁正反转控制电路分析见表3-7。

表3-7　三相异步电动机接触器互锁正反转控制电路分析

电路类型	三相异步电动机接触器互锁正反转控制电路
电气原理图	

续表

电路组成	开关 QS,熔断器 FU_1、FU_2,正转交流接触器 KM_1,反转交流接触器 KM_2 热继电器 FR,正转起动按钮 SB_2,反转起动按钮 SB_3,停止按钮 SB_1
电路原理分析	(1)合上电源开关 QS,打开电源。 (2)正转控制。按下 SB_2,KM_1 线圈得电吸合、KM_1 互锁触头(常闭)断开 KM_2 的线圈回路、KM_1 主触点闭合、KM_1 辅助常开触点闭合自锁,电动机起动并连续正转。 (3)停止控制。按下 SB_1,KM_1 线圈失电、KM_1 主触头断开、KM_1 自锁触头断开、KM_1 常闭联锁触头闭合:电动机停止运转。 (4)反转控制。按下 SB_3,KM_2 线圈得电吸合、KM_2 互锁触头断开 KM_1 的线圈回路、KM_2 主触点闭合、KM_2 辅助常开触点闭合自锁,电动机起动并连续反转。 由此可见,当电动机正转时,电路按 L_1—U、L_2—V、L_3—W 接通,输入电动机定子绕组的电源电压相序为 L_1—L_2—L_3。当电动机反转时,电路按 L_1—W、L_2—V、L_3—U 接通,输入电动机定子绕组的电源电压相序变为 L_3—L_2—L_1
电路特点	电动机运行后,需先按下停止按钮,待电动机停止运转后,才能控制其相反方向的运转。运转过程中直接切转向按钮无效。 该电路采用了按钮常开触点与接触器常开辅助触点并联实现自锁;为防止两个接触器同时得电,导致主电路发生短路,在控制电路中分别串接一对对方的辅助常闭触头。当一个接触器得电动作,通过其辅助常闭触头使另一个接触器不能得电动作,接触器之间这种互相制约的作用叫作接触器联锁或互锁。实现联锁作用的常闭辅助触头称为联锁触头(或互锁触头)。 该电路用接触器控制,具有失压、欠压保护作用;用熔断器,起到短路保护作用;用热继电器,起过载保护、断相保护,以及电流不平衡运行保护

2) 三相异步电动机按钮联锁正反转控制电路

在电动机正反转控制电路中通常用的按钮开关有两对触点。一对常闭触点、一对常开触点。按钮互锁就是将正转起动按钮的常闭触点串联到反转起动控制电路中,同时将反转起动按钮的常闭触点串联到正转起动控制电路中。

这种控制方式的优点是操作方便,从正转变为反转,不用先按停止按钮,直接按下反转按钮即可实现,可有效避免正反转起动按钮同时按下而造成的短路。

这种控制方式的缺点是容易产生电源两相短路故障,有安全隐患。在进行正反转状态切换时,必须要先按下停止按钮才能再按另外一个起动按钮。尽管是这样操作,但如果某一个接触器的主触头发生了粘连,在切换另一种状态时也会发生短路的情况。三相异步电动机按钮互锁正反转控制电路分析见表 3-8。

表 3-8　三相异步电动机按钮联锁正反转控制电路分析

电路类型	三相异步电动机按钮联锁正反转控制电路
电气原理图	
电路组成	开关 QS,熔断器 FU_1、FU_2,正转交流接触器 KM_1,反转交流接触器 KM_2,热继电器 FR,正转起动按钮 SB_2,反转起动按钮 SB_3,停止按钮 SB_1(两个接触器各有 4 组动合触点,其中 1 组用于自锁,另外 3 组用于电动机的正反转控制)
电路原理分析	(1)合上电源开关 QS,打开电源。 (2)正转控制。按下 SB_2,SB_2 常闭触点断开 KM_2 线圈回路,SB_2 常开触点闭合,KM_1 线圈得电吸合、KM_1 主触头闭合、KM_1 辅助常开触点闭合自锁:电动机起动并连续正转。松开 SB_2,SB_2 常开触点断开,SB_2 常闭触点闭合,电动机继续正转。 (3)反转控制。按下反转按钮 SB_3,首先 SB_3 常闭触点断开 KM_1 正转线圈回路,KM_1 线圈断电,KM_1 常开触点断开,电动机停止正转。然后 SB_3 常开触点闭合 KM_2 线圈得电吸合、KM_2 主触点闭合、KM_2 辅助常开触点闭合自锁,电动机连续反转。松开反转按钮 SB_3,SB_3 常开触点断开,SB_3 常闭触点闭合,电动机继续反转。 (4)停止控制。按下停止按钮 SB_1,SB_1 常闭触点断开,KM_2 的线圈失电,KM_2 主触点断开、自锁触点断开、电动机失电停止运行
电路特点	该电路按下按钮 SB_2,电动机连续正转;按下按钮 SB_3,电机连续反转;按下停止按钮 SB_1,电动机停止。 利用按钮常开触点与接触器常开辅助触点并联实现自锁;将复合按钮常闭触点串联在相反控制线圈支路上实现联锁控制。 该电路在正反转切换过程中,由于正在接通的交流接触器没有完全断开,相反转向的交流接触器就可能已经吸合,这短短的动作时间差可能会因电源短路损坏熔断器或者跳闸。 该电路用接触器控制,具有失压、欠压保护作用;用熔断器,起到短路保护作用;用热继电器,起过载保护、断相保护,以及电流不平衡运行保护

3）三相异步电动机按钮与接触器双重联锁正反转控制电路

电机正反转的实现是通过改变电源相序来实现的。随着生产劳动经验的不断丰富，一种安全可靠的控制电路应运而生，那就是按钮与接触器双重联锁电路。采用两个交流接触器来进行换相，以达到控制电机的正转和反转的目的。用两个按钮分别实现正转和反转控制，并把它们的常闭触点分别放在对方的控制回路里，达到联锁的目的。

（1）接触器互锁

为了避免正转和反转两个接触器同时动作造成相间短路，在两个接触器线圈所在的控制电路上加了电气联锁，即将正转接触器的常闭辅助触头与反转接触器的线圈串联；又将反转接触器的常闭辅助触头与正转接触器 KM_1 的线圈串联。这样，两个接触器互相制约，使得任何情况下都不会出现两个线圈同时得电的状况，从而起到保护作用。

（2）按钮联锁

正转起动按钮和反转起动按钮也具有电气联锁作用。正转起动按钮的常闭触头串接在反转接触器线圈的供电线路上，反转起动按钮的常闭触头串接在正转接触器线圈的供电线路上。这种联锁关系能保证一个接触器断电释放后，另一个接触器才能通电动作，从而避免因操作失误造成电源相间短路。

该电路集合了前面两种控制电路的优点，完全有效地保障了操作人员和设备的安全。三相异步电动机按钮与接触器双重联控制电路分析见表 3-9。

表 3-9　三相异步电动机按钮与接触器双重联控制电路分析

电路类型	三相异步电动机按钮与接触器双重联控制电路
电气原理图	

续表

电路组成	开关 QS,熔断器 FU,正转交流接触器 KM_1,反转交流接触器 KM_2,热继电器 FR,正转起动按钮 SB_2,反转起动按钮 SB_3,停止按钮 SB_1
电路原理分析	(1)合上电源开关 QS,打开电源。 (2)正转控制。按下 SB_2,SB_2 常闭触点断开 KM_2 线圈回路,SB_2 常开触点闭合,KM_1 线圈得电吸合、KM_1 常闭触点断开 KM_2 线圈回路实现互锁、KM_1 主触头闭合、KM_1 辅助常开触点闭合自锁,电动机起动并连续正转。松开 SB_2,SB_2 常开触点断开,SB_2 常闭触点闭合,电动机继续正转。 (3)反转控制。按下反转按钮 SB_3,首先 SB_3 常闭触点断开 KM_1 正转线圈回路,KM_1 线圈断电,KM_1 常开触点断开,电动机停止正转。然后 SB_3 常开触点闭合,KM_2 线圈得电吸合、KM_2 常闭触点断开 KM_1 线圈回路实现互锁、KM_2 主触点闭合、KM_2 辅助常开触点闭合自锁,电动机连续反转。松开反转按钮 SB_3,SB_3 常开触点断开,SB_3 常闭触点闭合,电动机继续反转。 (4)停止控制。按下停止按钮 SB_1,SB_1 常闭触点断开,KM_2 的线圈失电,KM_2 主触点断开、自锁触点断开、KM_2 常闭互锁触点闭合,电动机失电停止运行
电路特点	该电路按下按钮 SB_2,电动机连续正转;按下反转按钮 SB_3,电机连续反转;正转和反转之间可以相互切换。 利用按钮常开触点与接触器常开辅助触点并联实现自锁;将复合按钮和交流接触器的常闭触点串联在相异转向线圈支路上实现双重联锁。从而保证了两个交流接触器不能同时通电,使电路的可靠性和安全性增加,因而得到广泛使用。 该电路用接触器控制,具有失压、欠压保护作用;用熔断器,起到短路保护作用;用热继电器,起过载保护、断相保护,以及电流不平衡运行保护

4)三相异步电动机行程开关自动正反转控制电路

在行程开关接线盒里,一般情况下有两对触点:一对常开触点;一对常闭触点。当行程开关被触碰时,相应的常闭触点断开,常开触点闭合,用来控制电动机的运行,进行限位保护及控制。行程开关控制的电动机正反转电路是在电动机正反转控制电路的基础上加入了行程开关的元素,在电动机运行过程中通过撞击行程开关来引起触点的变化,进而带动电路自动停止和运行。相对而言,电路并不困难,其控制电路分析见表 3-10。

表 3-10　三相异步电动机行程开关自动正反转控制电路分析

电路类型	三相异步电动机行程开关自动正反转控制电路
电气原理图	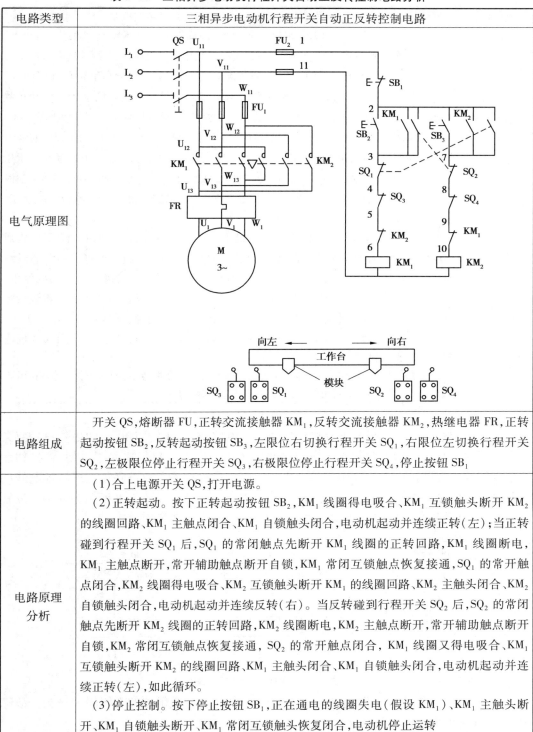
电路组成	开关 QS,熔断器 FU,正转交流接触器 KM_1,反转交流接触器 KM_2,热继电器 FR,正转起动按钮 SB_2,反转起动按钮 SB_3,左限位右切换行程开关 SQ_1,右限位左切换行程开关 SQ_2,左极限位停止行程开关 SQ_3,右极限位停止行程开关 SQ_4,停止按钮 SB_1
电路原理分析	(1)合上电源开关 QS,打开电源。 (2)正转起动。按下正转起动按钮 SB_2,KM_1 线圈得电吸合、KM_1 互锁触头断开 KM_2 的线圈回路、KM_1 主触点闭合、KM_1 自锁触头闭合,电动机起动并连续正转(左);当正转碰到行程开关 SQ_1 后,SQ_1 的常闭触点先断开 KM_1 线圈的正转回路,KM_1 线圈断电,KM_1 主触点断开,常开辅助触点断开自锁,KM_1 常闭互锁触点恢复接通,SQ_1 的常开触点闭合,KM_2 线圈得电吸合、KM_2 互锁触头断开 KM_1 的线圈回路、KM_2 主触头闭合、KM_2 自锁触头闭合,电动机起动并连续反转(右)。当反转碰到行程开关 SQ_2 后,SQ_2 的常闭触点先断开 KM_2 线圈的正转回路,KM_2 线圈断电,KM_2 主触点断开,常开辅助触点断开自锁,KM_2 常闭互锁触点恢复接通,SQ_2 的常开触点闭合,KM_1 线圈又得电吸合、KM_1 互锁触头断开 KM_2 的线圈回路、KM_1 主触头闭合、KM_1 自锁触头闭合,电动机起动并连续正转(左),如此循环。 (3)停止控制。按下停止按钮 SB_1,正在通电的线圈失电(假设 KM_1)、KM_1 主触头断开、KM_1 自锁触头断开、KM_1 常闭互锁触头恢复闭合,电动机停止运转

续表

电路类型	三相异步电动机行程开关自动正反转控制电路
电路原理分析	（4）反转起动。按下反转起动按钮 SB_3，KM_2 线圈得电闭合、KM_2 互锁触头断开 KM_1 的线圈回路、KM_2 主触点闭合、KM_2 自锁触头闭合，电动机起动并连续反转（右），当反转碰到行程开关 SQ_2 后，SQ_2 的常闭触点先断开 KM_2 线圈的正转回路，KM_2 线圈断电，KM_2 主触点断开，常开辅助触点断开自锁，KM_2 常闭互锁触点恢复接通，SQ_2 的常开触点闭合，KM_1 线圈得电吸合、KM_1 互锁触头断开 KM_2 的线圈回路、KM_1 主触头闭合、KM_1 自锁触头闭合，电动机起动并连续正转（左）；当正转碰到行程开关 SQ_1 后，SQ_1 的常闭触点先断开 KM_1 线圈的正转回路，KM_1 线圈断电，KM_1 主触点断开，常开辅助触点断开自锁，KM_1 常闭互锁触点恢复接通，SQ_1 的常开触点闭合，KM_2 线圈得电吸合、KM_2 互锁触头断开 KM_1 的线圈回路、KM_2 主触头闭合、KM_2 自锁触头闭合，电动机起动并连续反转（右）。如此循环
电路特点	该电路按下正转起动按钮 SB_2，电动机正转（左）起动，碰到 SQ_1 切换反转，反转碰到 SQ_2 切换正转，如此循环；该电路按下反转起动按钮 SB_3，电动机反转（右）起动，碰到 SQ_2 切换正转，正转碰到 SQ_1 切换反转，如此循环；按下停止按钮 SB_1，电动机停止。SQ_3、SQ_4 的作用是当电路发生故障时，电动机如果不能切换反转，会超越行程继续往左或者往右运动，当碰到 SQ_3 或者 SQ_4 时，电动机自动停止，避免机械碰撞。 利用按钮常开触点与接触器常开辅助触点并联实现自锁；利用复合行程开关实现往复循环行程控制。 该电路用接触器控制，具有失压、欠压保护作用；用熔断器，起到短路保护作用；用热继电器，起过载保护、断相保护，以及电流不平衡运行保护

前文介绍的几种三相异步电动机正反转控制电路，有的比较简单，有的虽然比较复杂但安全可靠性高。接触器联锁正反转控制线路虽工作安全可靠但操作不方便，而按钮联锁正反转控制线路虽操作方便但容易产生电源两相短路故障。双重联锁正反转控制线路则兼具两种联锁控制线路的优点，操作方便，工作安全可靠。如图 3-8 所示为 3 种正反转控制电路，试分析各电路能否正常工作。若不能正常工作，请找出原因。

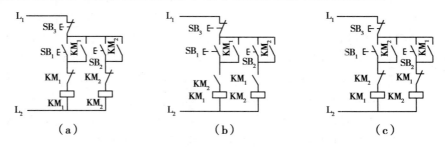

图 3-8 3 种正反转控制电路

图 3-8（a）不能正常工作。原因：联锁触头不能用自身接触器的常闭辅助触头。故障现象：控制电路时通时断。

图 3-8(b)不能正常工作。原因:联锁触头不能用常开辅助触头。故障现象:按起动按钮,接触器不能得电动作。

图 3-8(c)不能正常工作。原因:自锁触头不能自锁。故障现象:只能实现点动。

3.2.5　三相异步电动机星形-三角形(Y-△)降压起动控制电路

三相异步电动机 Y-△降压起动控制电路

电动机起动,就是通电后由静止状态逐渐加速到稳定运行状态的过程。电动机起动可分为直接起动(全压起动)和降压起动两大类。

电动机直接起动是一种简单、可靠、经济的起动方法。在变压器容量允许的情况下,三相鼠笼式异步电动机应该尽可能采用全电压直接起动,既可以提高控制线路的可靠性,又可以减少电器的维修工作量。但电动机直接起动的起动电流为额定电流的 4~7 倍,其可能产生的后果,一是造成电网电压显著下降,直接影响在同一电网工作的其他电动机及用电设备的正常运行;二是起动频繁将严重发热,加速绕组的老化,缩短电动机寿命。一般规定直接起动适用于 7.5 kW 以下的三相鼠笼式异步电动机,大于 7.5 kW 的三相鼠笼式异步电动机一般采用降压起动。

所谓降压起动,是指利用起动设备将电压适当降低后加到电动机的定子绕组上进行起动,待电动机起动运转后,再使其电压恢复到额定值正常运转。其目的是降低电动机的起动电流和减少变压器二次电压的大幅度下降。同时在采用降压起动方式以后,可以使电动机定子绕组的两端避免或减少因过大的起动电流而引起的位移和变形。此外,对缓慢绝缘老化、延长电动机的正常使用寿命等方面,也都有一定的积极作用。降压起动的方法也较多,常用的有:定子串电阻(或电抗)起动、自耦变压器起动、延边三角形起动、软起动器起动、Y-△降压起动等。其中软起动器起动性能最好,Y-△起动最简单经济。本书仅介绍 Y-△降压起动的典型电路,其他降压起动的方法可自行查阅相关资料学习。

1)手动 Y-△控制降压起动电路

Y-△控制降压起动,就是电动机起动时先用星形接法电路,使得电动机加载电压为 220 V,这样减少系统负荷防止过载;电动机起动后,改成三角形接法电路,使得电压为 380 V,进行正常运转。这样的起动电流只有全压起动时的 1/3,可有效保护电动机以及电路系统,防止电流过载,不容易烧毁。

Y-△降压起动,通过改变电动机绕组的接法,达到降压起动的目的。Y-△降压起动线路的设计思想是按时间原则控制起动过程。起动时,由主接触器将电源给电机绕组的 3 个首端,由星点接触器将电动机绕组的 3 个尾端闭合。绕组就变成了星形接法,起动完成后,时间继电器动作,星点接触器断开,运转接触器将电源给电机绕组的 3 个尾端。绕组就变成了三角形接法,电机实现全压运转。起动过程中,星点接触器和运转接触器必须实行互锁。

Y-△降压起动的优点是:所需设备简单、成本低,因而获得了较为广泛的采用。此法只能用于正常运行时为三角形接法的电动机。由于电动机起动电流与电源电压成正比,而此时电网提供的起动电流只有全电压起动电流的 1/3,减少了起动电流对电网的冲击。

Y-△起动的缺点是:其起动力矩只有全压起动力矩的 1/3,是以牺牲功率为代价换取降低起动电流来实现的。

三相异步电动机 Y-△ 降压起动的控制,主要有手动转换接触器控制和时间继电器控制两种方式。

三相异步电动机手动 Y-△ 降压起动控制电路分析见表 3-11。

表 3-11　三相异步电动机手动 Y-△ 降压起动控制电路分析

电路类型	三相异步电动机手动 Y-△ 降压起动控制电路
电气原理图	
电路组成	开关 QS,熔断器 FU₁、FU₂,热继电器 FR,公共交流接触器 KM₁,Y 形连接交流接触器 KM₂,三角形连接交流接触器 KM₃,停止按钮 SB₁,降压起动按钮 SB₂,三角形连接切换按钮 SB₃
电路原理分析	①合上电源开关 QS,打开电源。 ②按下起动按钮 SB₂,SB₂ 常开触点闭合,KM₁、KM₂ 线圈得电,KM₂ 常闭触点断开 KM₃ 线圈回路实现互锁,KM₁、KM₂ 主触点闭合,KM₁ 辅助常开触点闭合自锁,电动机星形连接降压起动。 ③按下三角形连接切换按钮 SB₃,SB₃ 常闭触点先断开 KM₂ 线圈,KM₂ 主触点断开,KM₂ 常闭触点恢复接通,SB₃ 常开触点再闭合、KM₃ 线圈得电,KM₃ 常闭触点断开 KM₂ 线圈回路实现互锁,KM₃ 主触点闭合、KM₃ 辅助常开触点闭合自锁,此时电动机三角形连接全压起动。 ④按下停止按钮 SB₁,KM₁、KM₃ 线圈失电,主触点断开,KM₁、KM₃ 辅助触点断开,解除自锁,KM₃ 常闭互锁触头闭合
电路特点	该电路按下按钮 SB₂,KM₁、KM₂ 吸合,电动机星形连接降压起动;按下三角形连接切换按钮 SB₃,交流接触器 KM₂ 断开 KM₃ 吸合,三角形连接全压起动;按下停止按钮 SB₁,所有线圈失电,电动机停止运行。 电动机从星形连接到三角形连接需要按钮手动控制。该电路用接触器控制,具有失压、欠压保护作用;用熔断器,起到短路保护作用;用热继电器,起过载保护、断相保护,以及电流不平衡运行保护

2)时间继电器自动 Y-△ 起动控制电路

在三相异步电动机手动 Y-△ 降压起动控制电路中,操作者必须在电动机起动结束后,按下全压运行按钮,才可进行工作。若忘记按下全压运行按钮而进行工作,将会烧毁电动机。解决的办法利用时间继电器进行自动控制。

时间继电器分为通电延时继电器和断电延时继电器,Y-△ 起动控制应用的是通电延时继电器,通电延时继电器分为 220 V 和 380 V。三相异步电动机控制用的是 380 V 通电延时继电器时间继电器。

时间继电器自动 Y-△ 起动控制电路分析见表 3-12。

表 3-12　时间继电器自动 Y-△ 起动控制电路分析

电路类型	时间继电器自动 Y-△ 起动控制电路(一)
电气原理图	
电路组成	开关 QS,熔断器 FU₁、FU₂,热继电器 FR,公共交流接触器 KM,星形连接交流接触器 KM_Y,三角形连接交流接触器 $KM_△$,停止按钮 SB₂,起动按钮 SB₁,时间继电器 KT
电路原理分析	(1)合上电源开关 QS,打开电源。 (2)按下起动按钮 SB₁,接通延时时间继电器 KT、KM_Y 线圈得电,KM_Y 常闭断开、KM_Y 常开闭合、KM 线圈得电主触点闭合、KM 辅助触点闭合自锁,电动机星形连接降压起动;接通延时时间继电器 KT 设定时间到达后,KT 常闭断开、KM_Y 线圈断电、KM_Y 主触点断开、KM_Y 常开触点断开、KM_Y 常闭触点闭合,$KM_△$ 线圈得电、$KM_△$ 常闭断开、KT 线圈失电,此时 KM 与 $KM_△$ 工作,电动机三角形连接全压起动。 (3)按下停止按钮 SB₂,KM 与 $KM_△$ 线圈失电、主触点断开、自锁触点断开,电动机停止运行

续表

电路特点	该电路由 3 个接触器、1 个热继电器、1 个时间继电器和 2 个按钮组成。时间继电器 KT 作控制星形降压起动时间,完成星三角自动切换用,其他电器的作用和上个线路中相同。 该电路按下按钮 SB_1,KT、KM_Y、KM 吸合,电动机星形连接降压起动;KT 设定时间到达后,KM_Y 断开,$KM_\triangle$ 吸合,电动机由星形降压起动后自动切换为三角形全压起动。KT 为通电延时型时间继电器。 该电路用接触器控制,具有失压、欠压保护作用;用熔断器,起到短路保护作用;用热继电器,起过载保护、断相保护,以及电流不平衡运行保护

3.2.6　双速电动机控制电路

在实际生产中,为满足机械设备生产过程中的需要,常要求输出多种速度。例如,在金属切削机床上加工零件时,为保证零件的加工质量,主轴的转速应随着工件和刀具的材料、工件的直径、加工工艺的要求及走刀量的大小等的不同而不同。异步电动机的调速有机械调速和电气调速两种,通常用电气调速方式,简单易行,且可大大简化机械变速机构。

1) 异步电动机的调速方法

为了满足实际应用的需要,异步电动机需要进行调速。调速即是用人为的方法来改变异步电动机的转速。根据异步电动机的转速公式

$$n = n_1(1 - s) = \frac{60f_1}{p}(1 - s)$$

可知,异步电动机的调速有以下 3 种方法。

(1)改变定子绕组的磁极对数 p ——变极调速

变极调速的基本原理是:如果电网频率不变,电动机的同步转速与它的极对数成反比。因此,变更电动机绕组的接线方式,使其在不同的极对数下运行,其同步转速便会随之改变。异步电动机的极对数是由定子绕组的连接方式决定的,这样就可以通过改换定子绕组的连接来改变异步电动机的极对数。

变极调速的优点是所需设备简单;缺点是电动机绕组引出头较多,调速级数少,转速只能按阶跃方式变化,不能连续变化。

(2)改变电动机的转差率 s ——转差率调速

转差率调速有改变电源电压调速和绕线转子异步电动机转子串电阻调速两种方式。一般来说,绕线转子异步电动机采用改变转子电路电阻调速,笼型异步电动机采用改变定子电压调速。

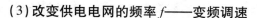

（3）改变供电电网的频率 f——变频调速

变频调速具有调速范围宽、平滑性好、机械特性较硬等优点，有很好的调速性能，所以是异步电动机最理想的调速方法。近年来，变频调速以其高效的驱动性能和良好的控制特性，在提高成品的数量和质量、节约电能等方面取得了显著的效果，已成为改造传统产业、实现机电一体化的重要手段。

2）双速异步电动机定子绕组的接线

电动机磁极对数的改变，通常由改变电动机定子绕组接线方式来实现，且只适用于笼型异步电动机。凡磁极对数可改变的电动机均称为多速异步电动机，常见的多速异步电动机有双速、三速、四速等几种类型，属于有级调速电动机。本书仅介绍双速异步电动机及其调速控制电路。

一般简单的双速电动机是通过改变定子绕组的连接方式来实现调速的，属于电动机变速调节中的有级调速。

单绕组倍极比变极的三相绕组，常用的接线方式有△/YY 和 Y/YY 两种。其中△/YY 连接的双速异步电动机，变极调速前后电动机的输出功率基本上不变，故适用于近恒功率情况下的调速，较多用于金属切削机床上。Y/YY 连接的双速异步电动机，变极调速前后的输出转矩基本不变，故适用于负载转矩基本恒定的恒转矩调速，如起重机、运输带等机械，以及各种机床的粗加工和精加工等。

双速异步电动机定子绕组接线图如图 3-9 所示。

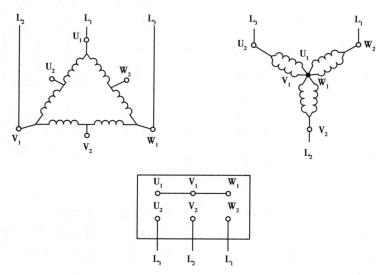

（a）△接（4 极）—低速　　　　　（b）YY 接（2 极）—高速

图 3-9　极双速异步电动机定子绕组接线图

电动机低速工作时，把三相电源分别接在出线端 U_1、V_1、W_1 上，另外 3 个出线端 U_2、V_2、W_2 空着不接，如图 3-9（a）所示，此时电动机定子绕组接成△形，磁极为 4 极（$2p=4$），同步转速为 1 500 r/min。电动机高速工作时,把 3 个出线端 U_1、V_1、W_1 并接在一起,三相电源分别接到另外 3 个出线端上,如图 3-9(b)所示,这时电动机定子绕组接成 YY 形,磁极为 2 极($2p=2$),同步转速为 3 000 r/min。可见,双速电动机高速运转时的转速是低速运转时转速的两倍。

由此可以得出:当每相定子绕组中有一半绕组内的电流方向改变时,即达到了变极调速的目的。变更电动机定子绕组的接线,就改变了极数,也改变了速度等级,其中△接线对应低速,YY 接线对应高速。

值得注意的是,双速电动机定子绕组从一种接法改变为另一种接法时,必须把电源相序反接,以保证电动机的旋转方向不变。

双速异步电动机调速控制主要有转换开关控制、按钮和接触器控制、时间继电器控制,下面分别介绍这 3 种调速控制电路。

(1)转换开关控制的双速异步电动机控制电路

转换开关控制的双速异步电动机控制电路如图 3-10 所示,这是利用转换开关手动控制变速,完成从低速转换为高速或者从高速转换为低速的控制线路。双速电动机一般要 3 个接触器来控制,低速用一个(△形)直接起动,高速用两个(Y 形)运转。

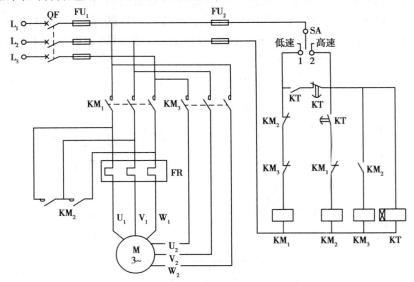

图 3-10 转换开关控制的双速异步电动机控制电路

①低速运行。将转换开关 SA 扳到低速位置,KM_1 线圈得电,KM_1 主触点闭合,KM_1 常闭触点断开实现与 KM_2、KM_3 的联锁,KM_2 和 KM_3 线圈均不得电,双速电动机作△形连接,电动机低速运行。

②高速运行。将转换开关 SA 扳到高速位置,KT 线圈得电,KT 常开瞬动触点闭合,KM_1 线圈得电,电动机低速起动运行。KT 延时时间到,KT 延时断开常闭触点断开,KM_1 线圈断电,KM_1 常开触点恢复断开,常闭辅助触点恢复闭合,KT 延时闭合常开触点闭合,KM2、KM3 线圈得电,KM2、KM3 常闭辅助触点断开,实现与 KM_1 互锁,KM_2、KM_3 主触点

闭合,双速电动机作 YY 形连接,电动机高速运转。

③停车。将转换开关扳到空挡位置,不论电动机原来处于低速还是高速运转,控制回路断电,电动机停转。

图 3-10 中,低速和高速可以任意操作,无顺序方面的限制,所以可以由低速起动转为高速运行,也可以高速起动后转为低速运行;或者低速起动并运行,或者高速起动并运行。但是接触器 KM$_1$ 和接触器 KM$_2$ 不能同时工作。

(2)按钮和接触器控制的双速异步电动机控制电路

按钮和接触器控制的双速异步电动机控制电路如图 3-11 所示。

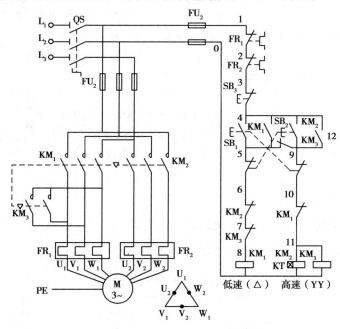

图 3-11　按钮和接触器控制的双速电动机控制电路

△形低速起动运转时,先合上电源开关 QS,然后按下起动按钮 SB$_1$,接触器 KM$_1$ 得电吸合,电动机 M 接成△低速启动运转。

YY 形高速起动运转时,按下高速起动按钮 SB$_2$,接触器 KM$_2$ 和 KM$_3$ 同时得电吸合,KM$_3$ 主触头闭合,将电动机 M 的定子绕组 U$_1$、V$_1$、W$_1$ 并头,KM$_2$ 主触头闭合,将三相电源通入电动机定子绕组的 U$_2$、V$_2$、W$_2$ 端,电动机接成 YY 形高速启动运转。

低速起动按钮 SB1 和高速起动按钮 SB$_2$ 都采用复合按钮,可直接实现低速与高速之间的相互切换。

工作原理如下:

①△形低速起动运转。

先合上电源开关 QS。

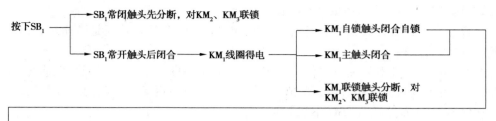

②YY形高速起动运转。

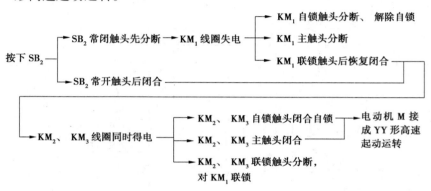

③停车时,按下 SB_3 即可实现。

(3) 时间继电器控制的双速异步电动机控制电路

时间继电器控制的双速异步电动机控制线路如图3-12所示。

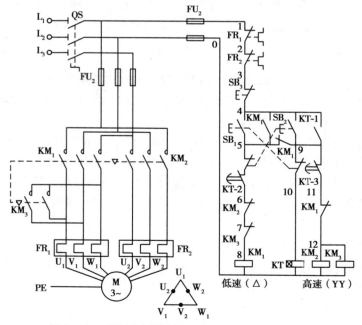

图3-12 时间继电器控制双速异步电动机控制线路

工作原理如下：

①△形低速起动运转。先合上电源开关 QS。

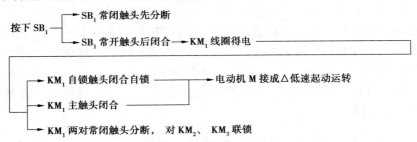

②△形低速起动运转后，过渡到 YY 形高速起动运转。

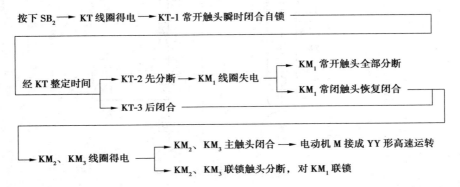

若电动机只需高速运转，直接按下 SB₂，则电动机△形低速起动后，YY 形高速运转（分析略）。

③停止时，按下 SB₃ 即可实现。

【课堂练习】

一、填空题

1.在电气控制电路中，依靠交流接触器自身辅助常开触头保持接触器线圈通电的现象称为_____。

2.按下按钮时电动机工作，松开按钮时电动机停止工作的控制方式称为_____。

3.由于电动机的起动电流较大，所以大功率的电动机通常会采用 Y-△ _____起动。

4.串励直流电动机不允许_____或轻载起动或运行。

5.时间继电器的断电延时触点是指在线圈_____后要经过一定时间才动作。

6.行程开关工作时，先_____常闭触点，再_____常开触点。

7.三相异步电动机工作时正转和反转交流接触器_____同时接通。

8.通过改变三相电源的_____就可以改变三相异步电动机的转向。

9.电动机正反转控制电路常采用_____和接触器互锁的双重互锁方式来确保安全运行。

10.三相异步电动机降压起动的目的是降低_____电流。

11.电动机的转速越高,其转差率就越_____。

12.单相异步电动机采用串电抗器调速的方法功率因素比较_____。

13.单相异步电动机采用串联电容调速时,电容容抗与电容量成_____比。

14.单相串励电动机具有起动性能好、_____高、调速方便、过载能力强等特点。

15.如图 3-13 所示,FR 起_____作用,FU_2 和 FU_1 是_____。

16.在如图 3-13 所示的电路中,点动控制的按钮是_____,连续运行控制的按钮是_____,停止按钮是_____。

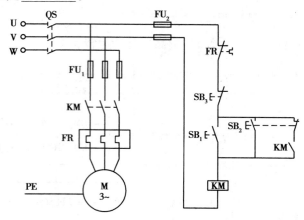

图 3-13　题图(1)

17.在如图 3-14 所示的电路中,如果 KM_1 是正转交流接触器,KM_2 是反转交流接触器,那么反转控制的起动按钮是_____,正转控制的起动按钮是_____,停止按钮是_____。

图 3-14　题图(2)

18.在如图 3-15 所示的电路中,如果 KM_1、KM_2 吸合时,电动机成_____连接运转;KM_1、KM_3 吸合时,电动机成_____连接运转。

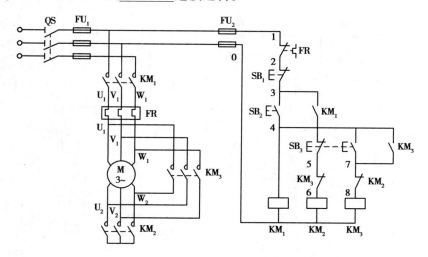

图 3-15　题图(3)

19.在如图 3-16 所示的电路中,KT 线圈吸合时,其触点动作顺序为:KT 常闭触点_____断开,KT 常开触点_____闭合;KM_1、KM_3 工作时电动机为_____连接起动。

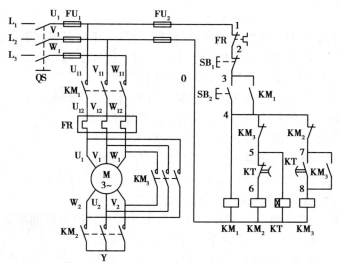

图 3-16　题图(4)

20.在如图 3-17 所示的电路中，KM₁、KM₂ 的常闭触点在电路中起到_____保护的作用。

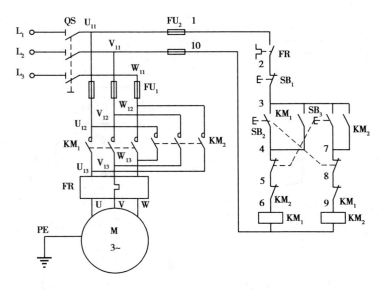

图 3-17 题图(5)

二、判断题

1.单相异步电动机串电抗器调压调速可以将电源电压从额定电压往上调。 （ ）

2.采用自耦变压器调速可以将电源电压从额定电压往上调。 （ ）

3.绕组抽头法调速引出线头较少,接线也比较简单。 （ ）

4.电容运转式单相异步电动机不要起动电容也可以正常起动。 （ ）

5.晶闸管调速具有体积小、质量轻、效率低、寿命长等特点。 （ ）

6.单相串励电动机可以空载运行。 （ ）

7.电动机控制电路中的热继电器不具有短路保护功能。 （ ）

8.三相异步电动机按钮联锁正反转控制电路在正反转切换过程中,由于交流接触器的响应时间滞后,可能会导致烧坏电源或者熔断器。 （ ）

9.三相异步电动机自动 Y-△降压起动一般采用断电延时型时间继电器。 （ ）

10.电动机控制电路中交流接触器具有欠压保护功能。 （ ）

11.电动机星形连接和三角形连接可以同时进行,这样电动机功率更大。 （ ）

12.电动机的正转和反转不能同时执行。 （ ）

13.控制电动机的起动按钮通常使用常闭触点。 （ ）

14.电动机的降压起动的方法中,Y-△起动最简单经济。 （ ）

15.单相串励电动机能使用直流和交流两种电源。 （ ）

16.单相异步电动机是一种小容量交流电动机。 （ ）

17.单相异步电动机将其主绕组与副绕组调换后电动机的转向发生改变。 （ ）

18.单相异步电动机串电抗调速的方法比晶闸管调速的方法更经济。　　　（　　）

19.单相串励电动机的调速其实是改变励磁绕组与电枢绕组回路的阻值。　　（　　）

20.三相异步电动机的连续控制电路的停止按钮通常采用常开触点。　　　　（　　）

三、选择题

1.三相异步电动机降压起动的目的是（　　　）。

A.降低起动电流　　　B.降低工作频率　　　C.增大起动电流　　　D.增大工作频率

2.下列选项中,可以改变单相异步电动机的旋转方向的是（　　　）。

A.交换火线和零线　　　　　　　　　B.对换起动电容的两根线

C.交换工作绕组和起动绕组　　　　　D.改变工作绕组的电流方向

3.下列选项中,不是单相异步电动机的调速方法的是（　　　）。

A.变频调速　　　　　　　　　　　B.变压调速

C.改变磁极对数调速　　　　　　　D.改变转子调速

4.单相异步电动机常用的调压调速方法不包括（　　　）。

A.晶闸管调速　　　B.三极管调速　　　C.串电容器调速　　　D.绕组抽头法调速

5.控制三相异步电动机的交流接触器不具有的功能是（　　　）。

A.切断短路电流　　　B.低电压保护　　　C.失压保护　　　　D.接通和断开电路

6.下列关于三相异步电动机正反转控制电路的说法,不正确的是（　　　）。

A.正转过程中直接按反转按钮无效　　　B.图中的虚线代表复合按钮

C.KM_2 和 KM_1 起到互锁保护的作用　　　D.SB_1 是停止按钮

7.如图 3-18 所示,以下说法不正确的是（　　　）。

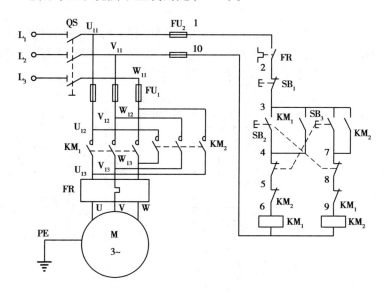

图 3-18　题图(6)

A.该电路具有欠压保护功能　　　　　　B.该电路具有过载保护功能

C.该电路具有短路保护功能　　　　　D.该电路具有降压起动功能

8.如图 3-18 所示,假设 KM_1 接通电动机正转;KM_2 接通电动机反转,下列说法不正确的是(　　)。

A.按下 SB_2 电动机正转

B.按下 SB_3 电动机反转

C.KM_2 的常闭触点与 SB_3 的常闭触点可以交换位置

D.KM_1、KM_2 线圈的额定电压为 220 V

9.如图 3-19 所示,下列说法不正确的是(　　)。

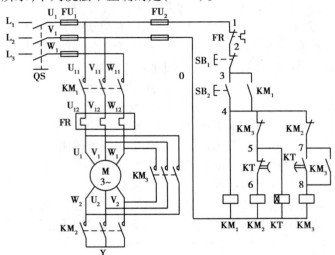

图 3-19　题图(7)

A.KM_2 和 KM_3 可以同时接通　　　　　B.KM_1 和 KM_3 可以同时接通

C.KM_1 和 KM_3 接通为三角形连接　　　D.KM_1 和 KM_2 接通为星形连接

10.如图 3-20 所示电路中,以下说法不正确的是(　　)。

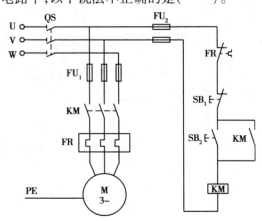

图 3-20　题图(8)

A.QS 是电源开关　　　　　　　　　　B.该电路有两个热继电器

C.SB$_1$ 是停止按钮　　　　　　　　　D.SB$_2$ 是起动按钮

四、综合题

1.简述图 3-18 所示电路的工作原理。
2.简述图 3-19 所示电路的工作原理。

【自我检测】

完成时间:60 分钟,满分 100 分。

一、填空题

1.由于电动机的起动_____较大,所有大功率的电动机通常会采用 Y-△ 降压起动。

2.串励直流电动机不允许空载或_____起动或运行。

3.时间继电器的接通延时触点是指在线圈_____后要经过一定时间才动作。

4.交流接触器线圈通电时,常闭触点_____断开,常开触点_____闭合。

5.三相异步电动机工作时正转和反转交流接触器_____同时接通。

6.通过改变三相电源的相序就可以改变三相异步电动机的_____。

7.电气控制电路按通过电流的大小分为_____电路和控制电路。

8.电动机正反转控制电路中,两个交流接触器只能接通一个,在接通其中一个之后就要保证另一个不能接通,这种相互制约的控制称为_____控制。

9.电动机正反转电路中,由于采用了互锁,所以两个接触器线圈不能同时_____,使电路更加安全可靠。

10.三相异步电动机直接起动虽然起动线路比较_____,但起动电流_____,因此只能用于_____功率电动机上。

11.三相异步电动机根据制动转矩产生方法的不同,可分为_____制动和_____制动两类。

12.三相异步电动机常用的反接制动、能耗制动、再生制动都属于_____制动。

13.机械制动最常用的装置是_____,它主要由制动电磁铁和闸瓦制动器两大部分组成。

14.反接制动时仍需要从电源吸收电能,所以经济性能_____,但能很快使电动机停转,故制动性能较好。

15.能耗制动的优点是制动力较强,制动_____,对电网影响小,缺点是需要一套直流电源装置,而且制动转矩随电动机转速的减小而减小,不易制停。

16.再生制动可向电网回输电能,所以经济性能_____,但只有在特定的状态下才能实现制动,而且只能限制电动机转速,不能制停。

二、判断题

1.能耗制动的制动性能好,经济性能好。　　　　　　　　　　　　（　　　）

2.将不同容量的电容串入单相异步电动机可实现对电动机的调速。　　　（　）

3.绕组抽头法调速是在单相异步电动机定子铁芯上再嵌放一个调速绕组。　（　）

4.单相串励电动机能使用直流和交流两种电源。　　　　　　　　　　　（　）

5.晶闸管调速具有体积小、质量轻、效率高、寿命长等特点。　　　　　（　）

6.串励直流电动机轻载或空载运行时,电枢电流会减小,所以励磁电流会减小,磁场会减小,导致电动机转速很高。　　　　　　　　　　　　　　　　　　　　（　）

7.电动机控制电路中的热继电器不具有断相保护功能。　　　　　　　　（　）

8.三相异步电动机采用交流接触器控制,达到了以小电流控制大电流的目的。（　）

9.三相异步电动机自动 Y-△降压起动一般采用接通延时型时间继电器。　（　）

10.电动机控制电路中交流接触器不具有欠压保护功能。　　　　　　　　（　）

11.三相异步电动机是对称负载,星形连接时中性线的电流为零,所以不用接零线。　　　　　　　　　　　　　　　　　　　　　　　　　　　　　　　　（　）

12.单相异步电动机串电抗器在低速挡起动时转矩较低。　　　　　　　　（　）

13.连续地改变电源的频率,就可以连续平滑地调节异步电动机的转速。　（　）

14.反接制动的经济性能差,但制动性能较好。　　　　　　　　　　　　（　）

15.改变磁极对数的方法称为变极调速,电动机调速中应用非常广泛。　　（　）

三、选择题

1.以下 4 种调速方法中不属于三相异步电动机调速方法的是（　　）。
A.变转差率调速法　B.调磁调速法　　C.变频调速法　　D.变极调速法

2.下列选项中,不属于三相异步电动机电气制动方法的是（　　）。
A.再生制动　　　　B.反接制动　　　C.能耗制动　　　D.机械制动

3.下列选项中,不属于三相异步电动机反接制动特点的是（　　）。
A.制动迅速　　　　B.经济性能好　　C.经济性差　　　D.制动性能好

4.下列选项中,属于三相异步电动机再生制动特点的是（　　）。
A.向电网回输电能　B.制动平稳　　　C.制动力较强　　D.经济性能差

5.下列选项中,不属于单相串励电动机特点的是（　　）。
A.起动性能好　　　B.转速高　　　　C.调速方便　　　D.体积较大

6.下列选项中,不属于晶闸管调速电路特点的是（　　）。
A.体积小　　　　　B.质量轻　　　　C.效率低　　　　D.寿命长

7.如图 3-21 所示,以下说法不正确的是（　　）。
A.SB_1 是停止按钮　　　　　　　　B.该电路具有过载保护功能
C.该电路具有短路保护功能　　　　　D.正转和反转不能直接切换

8.如图 3-21 所示,假设 KM_2 接通电动机正转;KM_1 接通电动机反转。下列说法不正确的是（　　）。
A.按下 SB_2 电动机正转
B.按下 SB_3 电动机正转
C.KM_1 的常闭触点与 SB_2 的常闭触点可以交换位置

D.KM₁、KM₂ 线圈的额定电压为 380 V

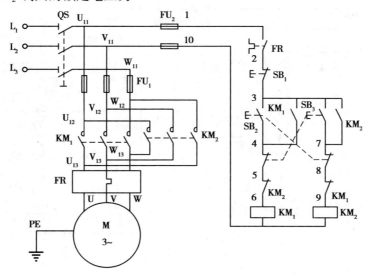

图 3-21　题图(9)

9.如图 3-22 所示,电路中不正确的是(　　)

A.该电路 KT 为断电延时型

B.KM₁ 和 KM₃ 可以同时接通

C.KM₁ 和 KM₂ 可以同时接通

D.KM₁ 和 KM₂ 接通为星形连接

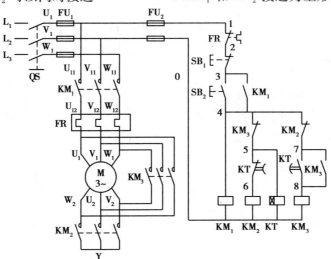

图 3-22　题图(10)

10.在如图 3-23 所示的电路中,下列说法不正确的是(　　)。

A.SQ₃ 是左极限行程开关

B.电动机右转碰到 SQ₂ 后自动左转

C.SB₁ 是停止按钮

D.电动机右转碰到 SQ₄ 后自动左转

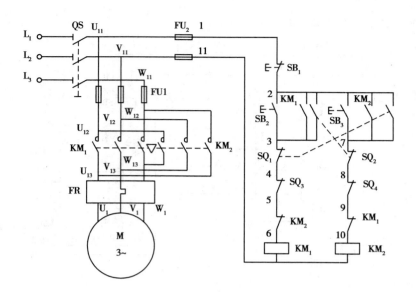

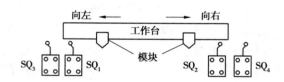

图 3-23 题图(11)

四、综合题

1.简述图 3-22 所示电路的工作原理。
2.简述图 3-23 所示电路的工作原理。

第4章

PLC及其应用

【学习目标】

1.了解可编程控制器（PLC）的概念、结构、工作方式。

2.了解可编程控制器（PLC）的主要指标、分类。

3.了解可编程控制器（PLC）的应用。

4.1 PLC 简介

4.1.1 PLC 的由来与应用

1) PLC 的产生

1968 年,美国通用汽车公司根据汽车制造生产线改造的需要,提出了可编程控制器(Programmable Logic Controller,PLC)的概念,希望能有一种新型工业控制器,能够保留继电器控制系统简单易懂、操作方便、价格便宜等优点,同时具有控制精度高、可靠性好、控制程序可随工艺改变、维修方便等特点。1969 年,美国数字设备公司根据美国通用汽车公司的设想,研制出第一台可编程控制器 PDP-14,并在美国通用汽车公司生产线上试用成功,实现了生产自动化控制,开创了工业控制的新纪元。

美国通用汽车公司将可编程控制器投入生产线,取得了令人满意的效果,引起了世界各国的关注。1971 年,日本从美国引进这项技术,并很快研制出了日本第一台可编程控制器 DCS-8。1973 年以后,德国、法国、英国相继开发出了各自的可编程控制器。我国于1977 年成功研制出以 MC14500 为核心的可编程控制器。

2) PLC 的定义

1987 年 2 月,国际电工委员会(International Electrotechnical Commission,IEC)颁布了可编程序控制器标准草案第三稿,将可编程序控制器定义为:"可编程序控制器是一种数字运算操作的电子系统,专为在工业环境下应用而设计。它采用了可编程序的存储器,用来在其内部存储和执行逻辑运算、顺序控制、定时、计数和算术运算等操作指令,并通过数字式和模拟式的输入和输出,控制各种类型的机械或生产过程。可编程序控制器及其有关外围设备都按易于与工业系统联成一个整体,易于扩充其功能的原则设计。"

简单地说,PLC 就是一种具有微处理器的用于自动化控制的数字运算控制器。它在自动化项目中的作用相当于人的大脑,用于存储信息和指令,指挥一些执行机构按一定的逻辑顺序进行动作。

3) PLC 的发展

经过几十年发展,目前全世界可编程控制器产品已达 300 多种,世界上约有 200 家PLC 生产厂商。近些年,随着中国科学技术的发展,台达、汇川、英威腾、信捷等国产品牌不断壮大,逐渐缩小与欧美品牌的差距,受到越来越多用户的欢迎,市场份额逐渐增加。

国产 PLC 崛起已成必然趋势,有些可以支持安装物联模块,可通过以太网、4G、Wi-Fi 等方式上网,实现物联网功能。PLC 的发展过程可分为 5 个阶段,如表 4-1 所示。

表 4-1 PLC 的发展阶段

发展阶段	时间段	特点
第一阶段	从第一台可编程控制器诞生到 20 世纪 70 年代初期	CPU 由中小规模集成电路组成,存储器为磁芯存储器
第二阶段	20 世纪 70 年代初期到 70 年代末期	CPU 采用微处理器,存储器采用 EPROM
第三阶段	20 世纪 70 年代末期到 80 年代中期	CPU 采用 8 位和 16 位微处理器,有些还采用多微处理器结构,存储器采用 EPROM、EAROM、CMOSRAM 等
第四阶段	20 世纪 80 年代中期到 90 年代中期	全面使用 8 位、16 位微处理芯片的位片式芯片,处理速度达到 1 μs/步
第五阶段	20 世纪 90 年代中期至今	使用 16 位和 32 位的微处理器芯片,有的已使用 RISC 芯片

PLC 的发展有以下两个主要趋势:

①向体积更小、速度更快、功能更强和价格更低的微小型方面发展,主要表现在为了减小体积、降低成本向高性能的整体型发展,在提高系统可靠性的基础上产品的体积越来越小、功能越来越强。

②向大型网络化、高可靠性、良好的兼容性和多功能方面发展,趋向于当前工业控制计算机(工控机)的性能,主要表现在大中型 PLC 的高功能、大容量、智能化、网络化发展,使之能与计算机组成集成控制系统,以便对大规模的复杂系统进行综合的自动控制。

另外,PLC 在软件方面也有较大的发展,系统的开放性使第三方软件能方便地在符合开放系统标准的 PLC 上得到移植。

功能强、速度快、集成度高、容量大、体积小、成本低、通信联网功能强,成为 PLC 发展的总趋势。

4) PLC 的种类

PLC 产品种类繁多,其规格和性能也各不相同。对 PLC 的分类,通常根据其结构形式的不同、I/O 点数的多少和功能的差异进行大致分类。PLC 的分类如表 4-2 所示。

表 4-2　PLC 的分类

分类标准	种类	说明
按结构形式分类	整体式 PLC	整体式 PLC 由不同 I/O 点数的基本单元和扩展单元组成,一般将电源、CPU 和 I/O 部件集中在一个机箱内,具有结构紧凑、体积小、价格低的特点。但是 I/O 点数不能改变,且无 I/O 扩展模块接口。 大多数小型 PLC 均采用这种结构,如日本三菱公司的 FX_{IS}-10/14/20/30
	模块式 PLC	把各个组成部分做成若干个独立的模块,如 CPU 模块、I/O 模块、电源模块及各种功能模块等。模块式 PLC 由框架和各种模块组成。 这种结构的特点是配置灵活,装配和维修方便,易于扩展。一般大中型的 PLC 都采用这种结构
按 I/O 的点数分类	小型机	小型 PLC 的 I/O 点数在 256 以下。其中,小于 64 为超小型或微型 PLC
	中型机	中型 PLC 的 I/O 点数在 256~2048
	大型机	大型 PLC 的 I/O 点数在 2048 以上,其中 I/O 点数超过 8192 为超大型机
按功能分类	低挡机	具有逻辑运算、定时、计数、移位,以及自诊断、监控等基本功能,还可以增设少量模拟量输入/输出、算术运算、远程 I/O 和通信等功能
	中挡机	除具有低挡机的功能外,还具有较强的模拟量输入/输出、算术运算、数据传送和比较、远程 I/O、通信等功能
	高挡机	除具有中挡机的功能外,还有符号算术运算、位逻辑运算、矩阵运算、二次方根运算及其他特殊功能的函数运算、表格功能等。高挡机具有更强的通信联网功能,可用于大规模过程控制系统

根据产品地域,PLC 分为:美国产品、欧洲产品、日本产品和国产 PLC。

美国和欧洲的 PLC 技术是相互独立地研究和开发出来的,因此美国和欧洲的 PLC 产品有明显的差异。日本的 PLC 技术是由美国引进的,对美国的 PLC 产品有一定的继承性,但它的主要产品定位于小型 PLC,而美国和欧洲则以大中型 PLC 闻名。

5) PLC 的应用范围

目前,PLC 在国内外已广泛应用于钢铁、石油、化工、电力、建材、机械制造、汽车、轻纺、交通运输、环保等各行各业。随着其性能价格比的不断提高,其应用范围在不断扩大,如表 4-3 所示。

表 4-3　PLC 的应用范围

序号	应用范围	说明
1	开关量的逻辑控制	这是 PLC 最基本的应用,用 PLC 取代传统的继电器控制,实现逻辑控制和顺序控制,如机床电气控制、家用电器(电视机、冰箱、洗衣机等)自动装配线的控制、汽车、化工、造纸、轧钢自动生产线的控制等
2	过程控制	是指对温度、压力、流量等连续变化的模拟量的闭环控制。PLC 通过模拟量 I/O 模块,实现 A/D 与 D/A 转换,并对模拟量实行闭环 PID(比例—积分—微分)控制。现代的 PLC 一般都有 PID 闭环控制功能,这一控制功能已广泛应用在塑料挤压成形机、加热炉、热处理炉、锅炉等设备上,以及轻工、化工、机械、冶金、电力、建材等行业
3	运动控制	PLC 使用专用的指令或运动控制模块,对直线运动或圆周运动进行控制,可实现单轴、双轴、三轴和多轴位置控制,使运动控制与顺序控制功能有机地结合在一起。PLC 的运动控制功能广泛地用于各种机械,如金属切削机床、金属成形机械、装配机械、机器人及电梯等场合
4	通信联网	是指 PLC 与 PLC 之间、PLC 与上位计算机或其他智能设备(如变频器、数控装置)之间的通信,利用 PLC 和计算机的 RS-232 或 RS-422 接口、PLC 的专用通信模块,用双绞线和同轴电缆或光缆将它们联成网络,实现信息交换,构成"集中管理、分散控制"的多级分布式控制系统,建立自动化网络
5	数据处理	现代的 PLC 具有数学运算、数据传送、转换、排序和查表、位操作等功能,可以完成数据的采集、分析和处理。这些数据可以与储存在存储器中的参考值比较,也可以用通信功能传送到别的智能装置,或者将它们打印制表

6) PLC 与传统工业控制技术

目前,比较成熟的工业控制系统有继电器-接触器系统、单片机系统、计算机系统、集散控制系统等,下面介绍 PLC 与各类控制系统的比较。

(1) PLC 与继电-接触器控制系统的比较

继电-接触器控制系统是针对一定的生产机械、固定的生产工艺而设计的,其基本特点是结构简单,生产成本低,抗干扰能力强,故障检修直观,适用范围广。它不仅可以实现生产设备、生产过程的自动控制,还可以满足大容量、远距离、集中控制的要求。因此,目前该类控制仍然是工业自动控制各领域中最基本的控制形式之一。

但是,由于继电-接触器控制系统的逻辑控制与顺序控制只能通过"固定接线"的形式安装,因此在使用中不可避免地存在以下不足。

①通用性、灵活性差。由于采用硬接线方式,故只能完成既定的逻辑控制、定时和计数等功能,即只能进行开关量的控制,一旦改变生产工艺过程,继电器控制系统必须重新设计控制电路,重新配线,难以适应多品种的控制要求。

②体积庞大,材料消耗多。安装继电器-接触器控制系统需要较大的空间,电器之间

的连接需要大量导线。

③运行时电磁噪声大。多个继电器、接触器等电器的通、断会产生较大的电磁噪声。

④控制系统功能的局限性较大。继电器-接触器控制系统在精确定时、计数等方面功能欠缺,影响了系统的整体性能,因此只能适用于定时要求不高、计数简单的场合。

⑤可靠性低,使用寿命短。继电器-接触器控制系统采用的是触点控制方式,因此工作电流较大,工作频率较低,长时间使用容易损坏触点,或者出现触点接触不良等故障。

⑥不具备现代工业所需要的数据通信、网络控制等功能。

由于 PLC 应用了微电子技术和计算机技术,各种控制功能是通过软件来实现的,只要改变程序,就可适应生产工艺改变的要求,因此适应性强。PLC 不仅能完成逻辑运算、定时和计数等功能,而且能进行算术运算,因此它既可进行开关量控制,又可进行模拟量控制,还能与计算机联网,实现分级控制。PLC 还有自诊断功能,所以在用微电子技术改造传统产业的过程中,传统的继电器控制系统必将被 PLC 所取代。

(2)PLC 与单片机控制系统比较

单片机控制系统仅适用于较简单的自动化项目,硬件上主要受 CPU、内存容量及 I/O 接口的限制,软件上主要受限于与 CPU 类型有关的编程语言。现代 PLC 的核心就是单片微处理器。

用单片机做控制部件在成本方面具有优势,但是从单片机到工业控制装置之间毕竟有一个硬件开发和软件开发的过程。

虽然 PLC 也有必不可少的软件开发过程,但两者所用的语言差别很大,单片机主要使用汇编语言开发软件,所用的语言复杂且易出错,开发周期长。而 PLC 使用专用的指令系统来编程的,简便易学,现场就可以开发调试。

与单片机比较,PLC 的输入输出端更接近现场设备,不需要添加太多的中间部件,这就节省了用户时间和总的投资。

一般说来单片机或单片机系统的应用只是为某个特定的产品服务的,单片机控制系统的通用性、兼容性和扩展性都相当差。

(3)PLC 与计算机控制系统的比较

PLC 是专为工业控制所设计的,而微型计算机是为科学计算、数据处理等而设计的,尽管两者在技术上都采用了计算机技术,但由于使用对象和环境不同,PLC 具有面向工业控制、抗干扰能力强,能够适应工程现场的温度、湿度。

PLC 使用面向工业控制的专用语言、编程及修改都比较方便,并有较完善的监控功能。而微机系统则不具备上述特点,一般对运行环境要求苛刻,使用高级语言编程,要求使用者有相当水平的计算机硬件和软件知识。

人们在应用 PLC 时,不必进行计算机方面的专门培训,就能进行操作及编程。

(4)PLC 与集散型控制系统的比较

PLC 是由继电-接触器逻辑控制系统发展而来的,而传统的集散控制系统 DCS 是由回路仪表控制系统发展起来的分布式控制系统,它在模拟量处理、回路调节等方面有一定的优势。

　　PLC随着微电子技术、计算机技术和通信技术的发展,无论在功能上、速度上、智能化模块以及联网通信上,都有很大的提高,并开始与小型计算机联成网络,构成了以PLC为重要部件的分布式控制系统。随着网络通信功能的不断增强,PLC与PLC及计算机的互联,可以形成大规模的控制系统,现在各类DCS也面临着高端PLC的威胁。

　　由于PLC技术不断发展,现代PLC基本上全部具备DCS过去所独有的一些复杂控制功能,且PLC具有操作简单的优势。最重要的是,PLC的价格和成本是DCS系统所无法比拟的。

4.1.2　PLC的特点与主要指标

1) PLC的优点

　　现代工业自动化的三大支柱是PLC、机器人、CAD/CAM。PLC是现代工业生产自动化最重要、最普及、应用场合最多的工业控制装置。PLC的优点如表4-4所示。

表4-4　PLC的优点

序号	优点	说明
1	功能完善,通用性强	PLC不仅具有逻辑运算、定时、计数和顺序控制等功能,而且还具有A/D和D/A转换、数值运算、数据处理、PID控制、通信联网等许多功能。随着PLC产品的系列、模块化的发展和品种齐全的硬件装置不断更新换代,PLC几乎可以组成满足各种需要的控制系统
2	可靠性强,抗干扰能力强	可靠性是指PLC的平均无故障工作时间MTBF(Mean Time Between Failures)。可靠性高、抗干扰能力强是PLC最重要的特点之一,其MTBF可达几十万小时,可以直接用于有强烈干扰的工业生产现场。目前,PLC是公认的最可靠的工业控制设备之一
3	编程简单,使用方便	梯形图是PLC使用最多的编程语言,它是面向生产、面向用户的编程语言,与继电器控制环节线路相似;梯形图形象、直观、简单、易学,易于广大工程技术人员学习掌握。当生产流程需要改变时,可以现场更改程序、解决问题,因此使用方便、灵活。同时,PLC编程器的操作和使用也很简单、方便,这成为PLC获得普及和推广的原因之一
4	安装简单,维护方便	由于PLC用软件代替了传统电气控制的硬件,所以控制柜的设计、安装和接线工作量大为减少,缩短了施工周期。PLC的用户程序大部分可在实验室模拟调试,调试之后再将用户程序在PLC控制系统的生产现场安装、接线和调试,发现问题可以通过修改程序及时解决。由于PLC的故障率极低,维修工作量很小;而且PLC具有很强的自诊断功能,可以根据PLC上的故障指示或编程器上的故障信息,迅速查明原因、排除故障,因此维修极为方便

续表

序号	优点	说明
5	体积小,能耗低	由于 PLC 采用了集成电路,其结构紧凑、体积小、能耗低,是实现机电一体化的理想设备
6	型号多,配套齐全	PLC 的型号很多,硬件配套齐全,用户可以灵活、方便地选择,组成不同功能、不同规模的控制系统

目前,SIEMENS 等公司已经开发出以个人计算机为基础,在 Windows 平台上,结合《可编程序控制器编程语言标准》(IEC1131-3)的新一代开放体系结构的 PLC。

2)PLC 的主要缺点

①PLC 的软、硬件体系结构是封闭的而不是开放的,如专用总线、专家通信网络及协议,I/O 模板不通用,甚至连机柜、电源模板亦各不相同。

②虽然编程语言多数是梯形图,但组态、寻址、语言结构均不一致,因此各公司的 PLC 互不兼容。

3)PLC 的性能指标

在描述 PLC 的性能时,经常用到位(Bit)、数字(Digit)、字节(Byte)及字(Word)等术语,如表 4-5 所示。知晓了这些术语的含义,才能正确理解 PLC 的性能指标的含义。

表 4-5　描述 PLC 性能指标的常用术语

序号	术语	含义及说明
1	位(Bit)	位指二进制数的 1 位,仅有 1、0 两种取值。 1 个位对应 PLC 的一个继电器,某位的状态为 1 或 0,分别对应该继电器线圈得电(ON)或失电(OFF)
2	数字(Digit)	4 位二进制数构成 1 个数字,这个数字可以是 0000~1001(十进制数),也可是 0000~1111(十六进制数)
3	字节(Byte)	2 个数字或 8 位二进制数构成 1 个字节
4	字(Word)	2 个字节构成 1 个字。 在 PLC 术语中,字也称为通道。1 个字含 16 位,或者说一个通道含 16 个继电器

PLC 的种类很多,各个厂家的 PLC 产品技术性能不尽相同,表 4-6 列出了 PLC 的一些常用基本性能指标。

表 4-6　PLC 的常用基本性能指标

性能指标	说明
存储容量	一般以 PLC 所能存放的用户程序的多少来衡量(也就是说,存储容量指的是用户程序存储器的容量)。用户程序存储器容量决定了 PLC 可以容纳用户程序的长短,一般以字为单位来计算、每 1 024 个字为 1 kB 字。中、小型 PLC 的存储容量一般在 8 kB 以下,大型 PLC 的存储容量可达到256 kB~2 MB,也有的 PLC 用存放用户程序的指令条数来表示容量
I/O 点数	I/O 点数即 PLC 面板上的输入、输出端子的个数。I/O 点数是衡量 PLC 性能的重要指标之一。I/O 点数越多,外部可接的输入器件和输出器件就越多,控制规模就越大
扫描速度	扫描速度是指 PLC 执行程序的速度,是衡量 PLC 性能的重要指标。一般以扫描 1 kB 字所用的时间来衡量扫描速度,通常以 ms/kB 为单位。通过比较各种 PLC 执行相同的操作所用的时间,可衡量其扫描速度的快慢
指令系统	PLC 编程指令种类越多,软件功能越强,其处理能力及控制能力就越强;用户的编程越简单、方便,越容易完成复杂的控制任务。 指令系统是衡量 PLC 能力强弱的主要指标
内部器件的种类和数量	内部器件包括各种继电器、计数器/定时器、数据存储器等。其种类越多、数量越大,存储各种信息的能力和控制能力就越强
扩展能力	PLC 的扩展能力包括 I/O 点数的扩展,存储容量的扩展,联网功能的扩展,以及各种功能模块的扩展等。在选择 PLC 时,常常要考虑 PLC 的扩展能力
特殊功能模块的数量	PLC 除了主控模块外,还可以配置各种特殊功能模块。特殊功能模块种类的多少和功能的强弱是衡量 PLC 产品水平的重要指标之一
通信功能	通信可分为 PLC 之间的通信和 PLC 与其他设备之间的通信两类。通信主要涉及通信模块、通信接口、通信协议和通信指令等内容。PLC 的组网和通信能力也是 PLC 产品水平的重要衡量指标之一

4.2　PLC **的结构**

PLC 实质上是一种工业专用计算机,实际组成与计算机 PC 的组成基本相同,也是由硬件系统和软件系统两大部分组成。为了提高 PLC 的抗干扰能力,其结构与一般微型计算机有所区别。

4.2.1　PLC **硬件系统**

可编程控制器 PLC 专为工业场合设计,采用了典型的计算机结构,主要由中央处理模块、电源模块、存储模块、输入输出模块和外部设备(编程器和专门设计的输入输出接口电路等)组成,图 4-1 所示为典型的 PLC 硬件组成图。

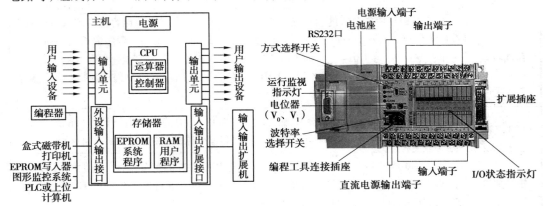

(a)结构简图　　　　　　　　　　(b)实物图

图 4-1　典型可编程控制器 PLC 的硬件组成

主机内的各个部分通过电源总线、控制总线、地址总线连接。根据实际控制对象的需要,配置不同的外部设备,可构成不同档次的 PLC 控制系统。

1)中央处理模块(CPU)

(1)CPU 的功能

中央处理模块(CPU)是 PLC 的核心,负责指挥与协调 PLC 的工作。CPU 模块一般由控制器、运算器和寄存器组成,这些电路集成在一个芯片上。其主要功能如下:

①接收并存储从编程器输入的用户程序和数据。

②用扫描的方式接收现场输入设备状态或数据,并存入输入映像寄存器或数据寄存器中。

③检查电源、PLC 内部电路工作状态和编程过程中的语法错误等。

④PLC 进入运行状态后,从存储器中读取用户程序并进行编译,执行并完成用户程序中规定的逻辑或算术运算等任务。

⑤根据运算的结果,完成指令规定的各种操作,再经输出部件实现输出控制、制表打印或数据通信等功能。

(2)CPU 的种类

PLC 常用的 CPU 主要采用通用微处理器、单片微处理器芯片、双极型位片式微处理器 3 种。

①通用微处理器,常用的是 8 位机和 16 位机,如 Z80A、8085、8086、6502、M6800、M6809、M68000 等。

②单片微处理器芯片,常用的有 8039、8049、8031、8051 等。

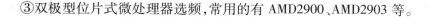

③双极型位片式微处理器选频,常用的有 AMD2900、AMD2903 等。

2) 存储模块

存储模块是具有记忆功能的半导体电路,PLC 的存储器是用来存储系统程序及用户的器件,主要有两大类。一类是可进行读/写操作的随机存取的存储器 RAM;另一类为只能读出不能写入的只读存储器 ROM,包括 PROM,EPROM,EEPROM。

PLC 配置有系统程序存储器(EPROM 或 EEPROM)和用户程序存储器(RAM)。

(1) 系统存储器

系统存储器用于存储系统和监控程序,存储器固化在只读存储器 ROM 内部,芯片由生产厂家提供,用户只能读出信息而不能更改(写入)信息。其中:

监控程序——用于管理 PLC 的运行;

编译程序——用于将用户程序翻译成机器语言;

诊断程序——用于确定 PLC 的故障内容。

(2) 用户存储器

用户存储器包括用户程序存储区和数据存储区,用来存放编程器(PRG)或磁带输入的程序,即用户编制的程序。

①用户程序存储区的内容可以由用户任意修改或增删。用户程序存储器的容量一般代表 PLC 的标称容量,通常小型机小于 8 kB、中型机小于 64 kB、大型机在 64 kB 以上。

②用户数据存储区用于存放 PLC 在运行过程中所用到的和生成的各种工作数据。用户数据存储区包括输入数据映像区、输出数据映像区、定时器、计算器的预置值和当前值的数据区和存放中间结果的缓冲区等。这些数据是不断变化的,但不需要长久保存,因此采用随机读写存储器 RAM。由于随机读写存储器 RAM 是一种挥发性的器件,即当供电电源关掉后,其存储的内容会丢失,因此在实际使用中通常为其配备掉电保护电路。当正常电源关断后,由备用电池为它供电,保护其存储的内容不丢失。

PLC 中已提供了一定容量的存储器供用户使用。若不够用,大多数 PLC 还提供了存储器扩展功能。

当用户程序确定不变后,可将其固化在只读存储器中。写入时加高电平,擦除时用紫外线照射。而 EEPROM 存储器除可用紫外线照射擦除外,还可用电擦除。

3) 输入输出模块(I/O 模块)

输入输出模块是 CPU 与现场 I/O 装置或其他外部设备之间的连接部件。PLC 提供了各种操作电平与驱动能力的 I/O 模块和各种用途的 I/O 组件供用户选用。如输入/输出电平转换、电气隔离、串/并行转换数据、误校验码、A/D 或 D/A 转换以及其他功能模块等。

I/O 模块将外界输入信号变成 CPU 能接收的信号,或将 CPU 的输出信号变成需要的控制信号去驱动控制对象(包括开关量和模拟量),以确保整个系统正常工作。

输入的开关量信号接在 IN 端和 0V 端之间,PLC 内部提供 24V 电源,输入信号通过光电隔离,通过 R/C 滤波进入 CPU 控制板,CPU 发出输出信号至输出端。

(1)输入接口电路

PLC 的输入接口有直流输入接口、交流输入接口、交流/直流输入接口 3 种,如图 4-2 所示。

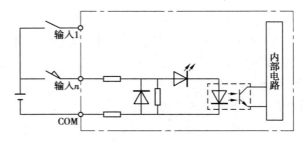

(a)直流输入接口

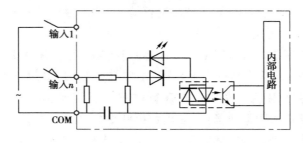

(b)交流输入接口

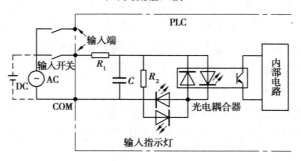

(c)交流/直流输入接口

图 4-2　PLC 的输入接口电路

(2)PLC 输出接口

PLC 输出接口的作用是将 PLC 的输入信号,即用户程序的逻辑运算结果传给外部负载,即用户输出设备,并将 PLC 内部的低电平信号转换为外部所需要电平的输出信号,并具有隔离 PLC 内部电路与外部执行元件的作用。

　　PLC 输出接口电路有 3 种方式:继电器方式、晶体管方式和晶闸管方式,如图 4-3
所示。

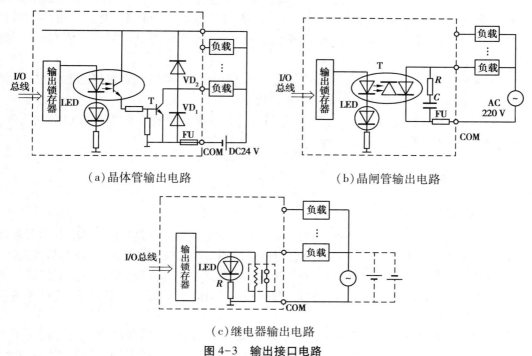

（a）晶体管输出电路　　　　　　　　　（b）晶闸管输出电路

（c）继电器输出电路

图 4-3　输出接口电路

　　①晶体管输出方式(直流输出接口)。

　　当需要某一输出端产生输出时,由 CPU 控制,将用户程序数据区域相应的运算结果
调至该路输出电路,输出信号经光电耦合器输出,使晶体管导通,并使相应的负载接通,同
时输出指示灯亮,指示该路输出端有输出。晶体管输出接口电路只能驱动直流负载,响应
速度快,动作频率高,但带负载能力不强。

　　②晶闸管输出方式(交流输出接口)。

　　当需要某一输出端产生输出时,由 CPU 控制,将用户程序数据区域相应的运算结果
调至该路输出电路,输出信号经光电耦合器输出,使晶闸管导通,并使相应的负载接通,同
时输出指示灯亮,指示该路输出端有输出。晶闸管输出接口电路只能驱动交流负载,响应
速度快,动作频率高,但带负载能力不强。负载所需交流电源由用户提供。

　　③继电器输出方式(交/直流输出接口)。

　　采用继电器作开关器件,既可驱动直流负载,也可驱动交流负载,带负载能力强,但是
响应时间长,动作频率低。

　　此外,为了满足工业自动化生产更加复杂的控制需要,PLC 还配有很多 I/O 扩展模块
接口。

4) 电源模块

PLC 的电源模块的作用是把交流电源(220 V)转换成供 CPU、存储器等电子电路工作所需要的直流电源(直流 5 V、±12 V、24 V),供 PLC 各个单元正常工作。一般均采用开关电源,因此对外部电源的稳定性要求不高,一般允许外部电源电压的额定值在±10%的范围内波动。

有些 PLC 的电源模块能向外提供直流 24 V 稳压电源,用于对外部传感器供电(仅供输入端子使用,驱动 PLC 负载的电源由用户提供)。

为了防止在外部电源发生故障的情况下,PLC 内部程序和数据等重要信息的丢失,PLC 用锂电池做停电时的后备电源。

5) 外部设备

(1) 编程器

编程器用于用户程序的编制、编辑、调试检查和监视等,还可以通过键盘去调用和显示 PLC 的一些内部状态和系统参数。它通过通信端口与 CPU 联系,完成人机对话连接。

编程器上有供编程用的各种功能键和显示灯以及编程、监控转换开关。编程器的键盘采用梯形图语言键符式命令语言助记符,也可以采用软件指定的功能键符,通过屏幕对话方式进行编程。

编程器分为简易型和智能型两类。前者只能连机编程,而后者既可连机编程又可脱机编程。同时前者输入梯形图的语言键符,后者可以直接输入梯形图。根据不同档次的 PLC 产品选配相应的编程器。

编程器有手持式和台式两种,最常用的是手持式编程器。如图 4-4 所示为三菱 FX 系列手持式编程器。

(a)实物图

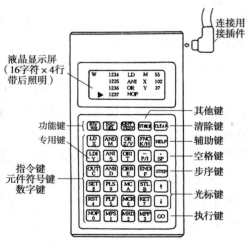

(b)结构图

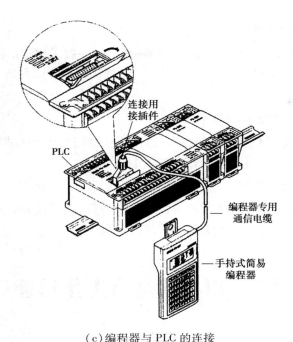

连接用
接插件

PLC

编程器专用
通信电缆

手持式简易
编程器

（c）编程器与 PLC 的连接

图 4-4　三菱 FX 系列手持式编程器

（2）其他外部设备

一般 PLC 都配有盒式录音机、打印机、EPROM 写入器、高分辨率屏幕彩色图形监控系统等外部设备。

4.2.2　PLC **的软件系统**

无论 PLC 的硬件多么出色,都必须有软件(即程序)系统支撑,其软件系统包括系统软件和应用软件两大部分。

1) PLC **的系统软件**

系统软件是系统的管理程序、用户指令解释程序和一些供系统调用的标准程序块等。系统软件由 PLC 制造厂家编制并固化在 ROM 中,ROM 安装在 PLC 上,随产品提供给用户,即系统软件在用户使用系统前就已经安装在 PLC 内,并永久保存,用户不能更改。

改进系统软件可以在不改变硬件系统的情况下大大改善 PLC 的性能,所以 PLC 制造厂家对系统软件的编制极为重视,使产品的系统软件不断升级和改善。

2) PLC **的应用软件**

应用软件又称用户软件、用户程序,是由用户根据生产过程的控制要求,采用 PLC 编程语言自行编制的应用程序。应用软件包括开关量逻辑控制程序、模拟量运算程序、闭环程序和操作站系统应用程序等。

(1)开关量逻辑控制程序

开关量逻辑控制程序是 PLC 中最重要的一部分,一般采用梯形图、助记符或功能表图等编程语言编制。不同 PLC 生产厂家提供的编程语言有不同的形式,至今还没有一种能全部兼容的编程语言。

(2)模拟量运算程序及闭环控制程序

通常,它们是在大 PLC 上实施的程序,由用户根据需要按 PLC 提供的软件和硬件功能进行编制,编程语言一般采用高级语言或汇编语言。

(3)操作站系统应用程序

它是大型 PLC 系统经过通信联网后,用户为进行信息交换和管理而编制的程序,包括各类画面的操作显示程序,一般采用高级语言实现。

4.3　PLC 的基本工作原理

4.3.1　PLC 的工作方式及流程

PLC 的工作原理和计算机的工作原理基本上一致。但是工作方式又有所不同,计算机采用等待命令的工作方式,而 PLC 采用循环扫描的工作方式。

1)循环扫描工作方式

PLC 有两种工作方式:运行(RUN)与停止(STOP)。处于停止工作模式时,PLC 只进行内部处理和通信服务等内容。当处于运行工作模式时,PLC 要进行内部处理、通信服务、输入处理、执行程序和输出处理的操作,然后按上述过程循环扫描工作。PLC 这种周而复始的循环工作方式称为扫描工作方式。这种扫描是周而复始无限循环的,每扫描一次所用的时间称为扫描周期。

循环扫描工作方式是 PLC 的基本工作方式,也可以说 PLC 是"串行"工作的,这和传统的继电器控制系统"并行"工作有质的区别,PLC 的串行工作方式避免了继电器控制系统中触点竞争和时序失配的问题。

2)PLC 扫描工作流程

在 PLC 中,用户程序是按先后顺序存放的。在没有中断或跳转指令时,PLC 从第一条指令开始顺序执行,直到程序结束符后又返回到第一条指令,如此周而复始地不断循环执行程序。PLC 的工作采用循环扫描的工作方式。顺序扫描工作方式简单直观,程序设计简化,并为 PLC 的可靠运行提供保证。有些情况下需要插入中断方式,允许中断正在扫描运行的程序,以处理紧急任务。

不同型号的PLC的扫描工作方式有所差异。典型PLC扫描工作流程如图4-5所示。

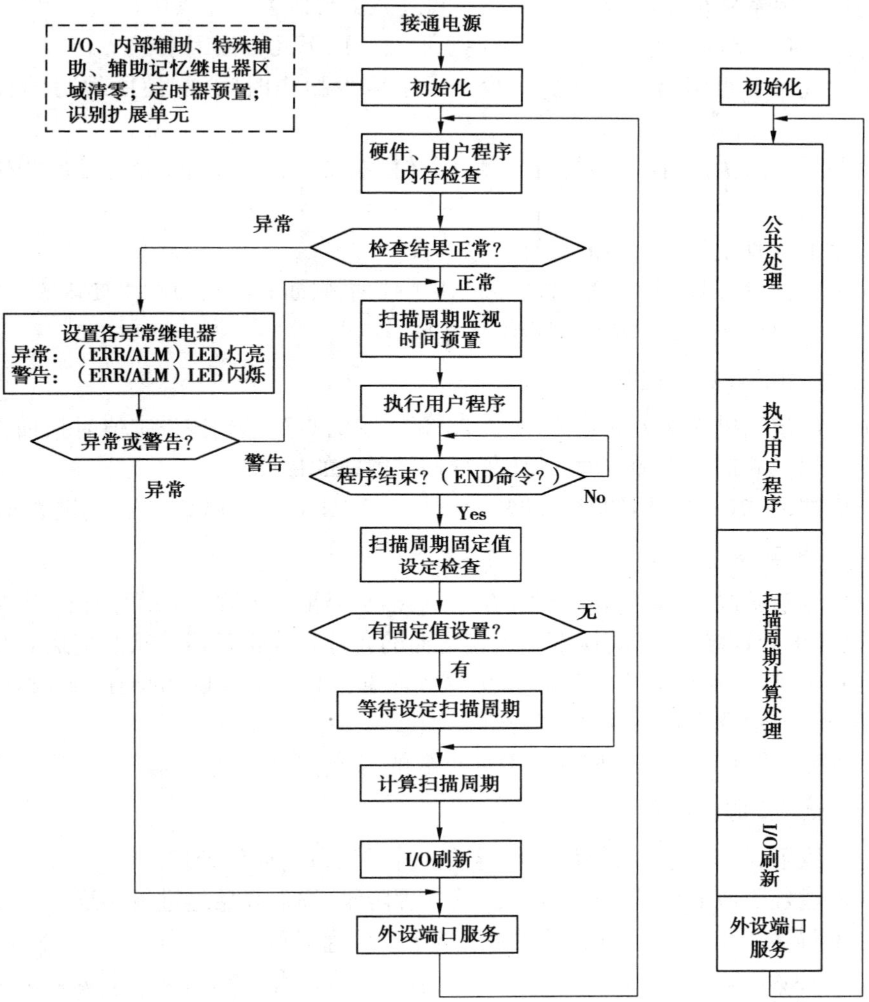

图4-5 PLC扫描工作流程图

PLC上电后首先进行初始化,然后进入顺序扫描工作过程。一次扫描过程可归纳为5个工作阶段,各阶段完成的任务如下。

(1)公共处理阶段

公共处理是每次扫描前的再一次自检,如果有异常情况,除了故障显示灯亮以外,还判断并显示故障的性质。一般性故障,则只报警不停机,等待处理。属于严重故障,则停止PLC的运行。

公共处理阶段所用的时间一般是固定的,不同机型的PLC有所差异。

(2)程序执行阶段

在程序执行阶段,CPU对用户程序按先左后右、先上后下的顺序逐条地进行解释和执行。

CPU 从输入映像寄存器和元件映像寄存器中读取各继电器当前的状态,根据用户程序给出的逻辑关系进行逻辑运算,运算结果再写入元件映像寄存器中。

执行用户程序阶段的扫描时间长短主要取决于以下几方面因素:

①用户程序中所用语句条数的多少。为了减少扫描时间,应使所编写的程序尽量简洁。

②每条指令的执行时间不同。在实现同样控制功能的情况下,应选择那些执行时间短的指令来编写程序。

③程序中有改变程序流向的指令。

由此可见,执行用户程序的扫描时间是影响扫描周期时间长短的主要因素。而且,在不同时段执行用户程序的扫描时间也不尽相同。

(3)扫描周期计算处理阶段

若预先设定扫描周期为固定值,则进入等待状态,直至达到该设定值时扫描再往下进行。若设定扫描周期为不确定的,则要进行扫描周期的计算。

扫描周期计算处理所用的时间非常短,对于 CPM1A 系列 PLC,可将其视为零。

(4)I/O 刷新阶段

在 I/O 刷新阶段,CPU 要做两件事情。一是刷新输入映像寄存器的内容,即采样输入信号;二是输出处理结果,即将所有输出继电器的元件映像寄存器的状态传送到相应的输出锁存电路中,再经输出电路的隔离和功率放大部分传送到 PLC 的输出端,驱动外部执行元件动作。这步骤操作称为输出状态刷新。

I/O 刷新阶段的时间长短取决于 I/O 点数的多少。

(5)外设端口服务阶段

这个阶段里,CPU 完成与外设端口连接的外围设备的通信处理。

完成上述各阶段的处理后,又返回公共处理阶段,周而复始地进行扫描。

图 4-6 描述了信号从输入端子到输出端子的传递过程。

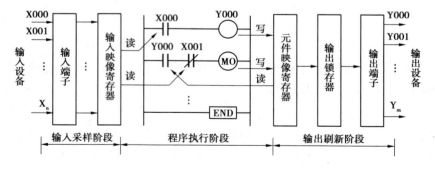

图 4-6 PLC 的信号传递过程

在 PLC 处于运行状态时,从内部处理、通信操作、程序输入、程序执行、程序输出,一直循环扫描工作。

综上所述,PLC 的工作过程就是程序执行过程。PLC 投入运行后,便进入程序执行过程(输入/输出信号处理过程)。它分为3个阶段进行,即输入采样(或输入处理)阶段、程序执行(或程序处理)阶段和输出刷新(或输出处理)阶段。

4.3.2 PLC 的起动运行与停运方式

1) PLC 起动运行方式

PLC 构成的控制系统有自动、半自动和手动3种起动运行方式,如表4-7所示。

表4-7 PLC 的3种起动运行方式

序号	起动运行方式	主要特点
1	自动运行方式	这种运行方式的主要特点是在系统工作过程中,系统按给定的程序自动完成被控对象的动作,不需要人工干预,系统的起动可由 PLC 本身的起动系统进行,也可由 PLC 发出起动信号,由操作人员确认并按下起动响应按钮后,PLC 自动起动系统。自动运行方式是 PLC 控制系统的主要运行方式
2	半自动运行方式	这种运行方式的特点是系统在起动和运行过程中的某些步骤需要人工干预才能进行下去。半自动方式多用于检测手段不完善,需要人工判断或某些设备不具备自控条件,需要人工干涉的场合
3	手动运行方式	这种运行方式是用于设备调试、系统调整和特殊情况下的运行方式,因此它是自动运行方式的辅助方式

2) PLC 的停运方式

PLC 构成的控制系统有正常停运、暂时停运和紧急停运3种方式,如表4-8所示。

表4-8 PLC 的停运方式

序号	停运方式	主要特点
1	正常	由 PLC 的程序执行,当系统的运行步骤执行完且不需要重新起动执行程序时,或 PLC 接收到操作人员的停运指令后,PLC 按规定的停运步骤停止系统运行
2	暂停	用于程序控制方式时暂停执行当前程序,使所有输出都设置成 OFF 状态,待暂停解除时将继续执行被暂停的程序。 另外,也可用暂停开关直接切断负荷电源,同时将此信息传给 PLC,以停止执行程序,或者把 CPU 的 RUN 切换成 STOP,以实现对系统的暂停运行
3	紧急	在系统运行过程中设备出现异常情况或故障时,若不中断系统运行,将导致重大事故或有可能损坏设备,此时必须使用紧急停运按钮使整个系统立即停运。它是既没有连锁条件也没有延迟时间的停运方式。 紧急停运时,所有设备都必须停运,且程序控制被解除,控制内容复位到原始状态

4.3.3　PLC 的通信

1)通信方式

(1)并行通信方式

并行通信是以字节或字为单位的数据传输方式,除了 8 根或 16 根数据线、1 根公共线外,还需要通信双方联络用的控制线。这种通信方式一般发生在 PLC 的内部各元件之间、主机与扩展模块或近距离智能模板的处理器之间。

并行传送时,一个数据的所有位同时传送,因此,每个数据位都需要一条单独的传输线,信息由多少二进制位组成就需要多少条传输线,如图 4-7 所示。

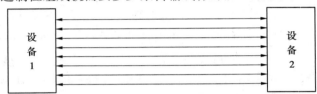

图 4-7　并行通信

并行通信的传送速度快,但传输线的根数多,抗干扰能力较差。

(2)串行通信方式

串行通信是以二进制的位(bit)为单位的数据传输方式,每次只传送一位,最少只需要两根线(双绞线)就可以连接多台设备,组成控制网络。计算机和 PLC 都有通用的串行通信接口,例 RS-232C 或 RS485 接口。

串行通信需要的信号线少,但传送速度较慢。

串行通信多用于 PLC 与计算机之间,多台 PLC 之间的数据传送。传送时,数据的各个不同位分时使用同一条传输线,从低位开始一位接一位地按顺序传送,数据有多少位就需要传送多少次,如图 4-8 所示。

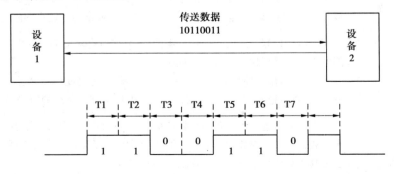

图 4-8　串行通信

在串行通信中,传输速率(又称波特率)的单位是 bit/s,即每秒传送的二进制位数。常用的标准传输速率为 300~38 400 bit/s 等。不同的串行通信网络的传输速率差别极大,有的只有数百位每秒,高速串行通信网络的传输速率可达 1 Gbit/s。

①串行通信线路的工作方式。

串行通信按信息在设备间的传送方向又分为单工、半双工和全双工 3 种方式,如图 4-9所示。

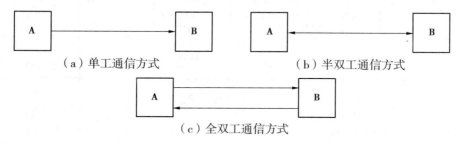

（a）单工通信方式　　　　　（b）半双工通信方式

（c）全双工通信方式

图 4-9　串行通信的工作方式

单工通信方式只能沿单一方向传输数据,如图 4-9(a)所示。

双工通信方式的信息可以沿两个方向传送,每一个站既可以发送数据,也可以接收数据。双工通信方式又分为全双工和半双工。半双工方式用同一组线接收和发送数据,通信双方在同一时刻只能发送数据或只能接收数据,如图 4-9(b)所示。

全双工通信方式中数据的发送和接收分别由两根或两组不同的数据线传送,通信双方都能在同一时刻接收和发送信息,如图 4-9(c)所示。

②串行通信数据的收发方式。

在串行通信中,接收方和发送方应使用相同的传输速率。接收方和发送方的标称传输速率虽然相同,但它们之间总是有一些微小的差别。如果不采取措施,在连续传送大量信息时,会因误差累积使接收方收到错误的信息。为了解决这一问题,需使发送过程和接收过程同步。按同步方式的不同,串行通信分为同步通信和异步通信两种方式,如表 4-9所示。

表 4-9　串行通信的收发方式

通信方式	说明
同步通信	传送数据时不需要增加冗余的标志位,有利于提高传送速度,但要求由统一的时钟信号来实现发送端和接收端之间的严格同步,而且对同步时钟信号的相位一致性要求非常严格
异步通信	允许传输线上的各个部件有各自的时钟,在各部件之间进行通信时没有统一的时间标准,相邻两个字符传送数据之间的停顿时间长短是不一样的,它是靠发送信息时同时发出字符的开始和结束标志信号来实现的,如图 4-10 所示

续表

通信方式	说明
异步通信	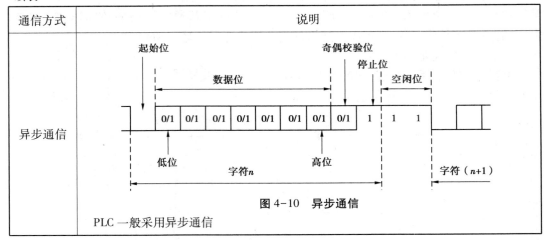 图 4-10　异步通信 PLC 一般采用异步通信

2) 计算机与 PLC 通信

计算机 PC 和可编程控制器 PLC 之间的数据流通信有 3 种形式:计算机从 PLC 中读取数据、计算机向 PLC 中写入数据和 PLC 向计算机中写入数据。

(1) 计算机读取 PLC 的数据

计算机从 PLC 中读取数据的过程分为以下 3 步。

① 计算机向 PLC 发送读数据命令。

② PLC 收到命令后,执行相应的操作,将计算机要读取的数据发送给它。

③ 计算机在接收到相应数据后,向 PLC 发送确认响应,表示数据已接收到。

(2) 计算机向 PLC 中写入数据

计算机向 PLC 中写入数据的过程分为以下两步。

① 计算机首先向 PLC 发送写数据命令。

② PLC 收到写数据命令后,执行相应的操作。执行完成后向计算机发送确认信号,表示写数据操作已完成。

(3) PLC 发送请求式(on-demand)数据给计算机

PLC 直接向上位计算机发送数据,计算机收到数据后进行相应的处理,不会向 PLC 发送确认信号。

4.4　PLC 的应用

本节选取第 3 章的部分电动机控制电路,选用三菱公司的 FX3U-48MR_PLC 控制线

路进行改造,同时介绍梯形图的编写原则、FX3U 常用的软元件、GX_Works2 软件简介、简单的 PLC 电路图、梯形图设计实例。

4.4.1　PLC 的软件

PLC 编程语言的国际标准中有 5 种编程语言:顺序功能图、梯形图、功能块图、指令表、结构文本。其中顺序功能图又称 SFC,用来编写顺序流程控制的梯形图比较有优势,程序的可读性强。梯形图是用得最多的 PLC 图形编程语言。梯形图与继电器控制系统的电路图很相似,直观易懂,很容易被熟悉继电器控制的电气人员掌握,特别适用于开关量逻辑控制。梯形图由触点、线圈和应用指令等组成。触点代表逻辑输入条件,如外部的开关、按钮和内部条件等。线圈通常代表逻辑输出结果,用来控制外部的指示灯、交流接触器和内部的输出标志位等。

在分析梯形图中的逻辑关系时,为了借用继电器电路图的分析方法,可以想象左右两侧垂直母线之间有一个左正右负的直流电源电压(有时省略了右侧的垂直母线),利用能流这一概念,可以帮助我们更好地理解和分析梯形图,能流只能从左向右流动。本节只介绍梯形图。

梯形图两侧的竖线称为左母线和右母线,程序从左母线开始,到右母线结束。梯形图中平行的梯度称为逻辑行,逻辑行左边为条件,逻辑行右边为结果,通过逻辑运算将条件变化反映到结果,使结果随条件变化。一般用"END"表示程序结束。

设计梯形图时必须遵守以下 4 个原则:

①左母线只能直接连接触点,线圈不能直接连接左母线。

②右母线只能直接连接线圈及功能指令,触点不能直接连接右母线。

③触点一般要求水平不垂直(主控触点除外)。

④同一个线圈在梯形图中尽量只出现一次,不要出现双线圈输出;当程序中出现双线圈输出时,后面的线圈优先动作。

常用的 PLC 编程软件有西门子 step7、TIA 博途、欧姆龙 CX 编程器、三菱 GX developer、GX_Works2、GX_Works3 等。本节以三菱 GX_Works2 为例进行简单介绍。

1) 软元件

PLC 内部器件实际是由电子电路和存储器组成的。例如,输入继电器 X 是由输入电路和输入继电器的存储器组成;输出继电器 Y 是由输出电路和输出继电器的存储器组成;定时器 T、计数器 C、辅助继电器 M、状态器 S 及数据寄存器 D 等都是由存储器组成的。我们通常把上述元件称为软元件,它们是抽象模拟的元件,看不见,摸不着,并不是实际的物理元件。

PLC 内部继电器和物理继电器在功能上原理相同,PLC 内部继电器也有线圈与常开、常闭触点,符号如表 4-10 所示;且每种继电器采用确定的地址编号标记,除输入/输出继电器采用八进制地址编号外,其余都采用十进制地址编号。PLC 内部继电器的线圈"得电"时,常开触点闭合,常闭触点断开;当线圈"失电"时,常开触点断开,常闭触点闭合。

同一个元件常开触点和常闭触点不会同时闭合。由于 PLC 内部继电器是由电子电路和存储器组成的,所以触点使用次数不限。

表 4-10 常开、常闭触点及线圈的符号

常开触点	常闭触点	线圈
—| |—	—|/|—	( )

为简化程序提高程序运行效率,梯形图设计宜上重下轻,左重右轻。在多重输出回路中,应将触点少的回路放在最上面,如图 4-11 所示。

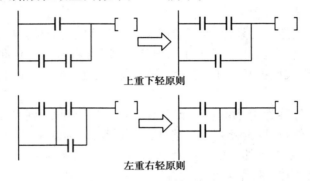

图 4-11 梯形图设计原则

PLC 的程序执行过程一般分为输入采样、程序执行及输出刷新 3 个阶段。梯形图在运行时,按照从上到下、从左到右的顺序执行,如图 4-12 所示。

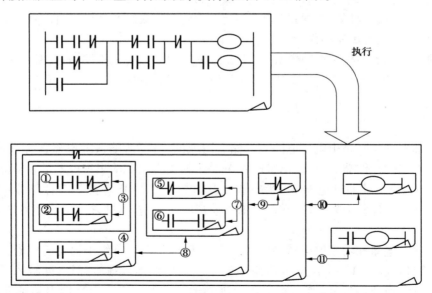

图 4-12 梯形图运行顺序

（1）输入与输出继电器

三菱 PLC 的输入继电器用 X 表示,输出继电器用 Y 表示,输入输出地址采用八进制编号,没有 X8、Y9 等地址。输入继电器的线圈由输入信号驱动,不能由程序驱动,常开和常闭触点可以在程序中无限次使用;输出继电器是 PLC 唯一能够驱动外部负载的元件,输出继电器有内部触点和外部触点两种。外部触点是物理触点,即一个端子,如Y2,程序驱动 Y2 输出,Y2 就与对应的 COM 接通。内部触点和其他继电器一样,常开触点和常闭触点可以在程序中无限次使用。根据 PLC 配置不同,输入输出点数就不同,如 FX3U-48MR 输入继电器 24 点、输出继电器 24 点,共 48 点。

（2）辅助继电器 M

辅助继电器可分为通用辅助继电器、断电保持辅助继电器、特殊辅助继电器 3 种类型。辅助继电器不能接收输入信号,也不能驱动外部负载,相当于继电器控制电路中的中间继电器,只能在 PLC 内部使用（程序）,用于状态暂存、中间过渡及移位运算,在程序中起信号传递和逻辑控制作用。三菱 FX 系列 PLC 辅助继电器如表 4-11 所示。

表 4-11　三菱 FX 系列 PLC 辅助继电器

通用辅助继电器	断电保持辅助继电器	特殊辅助继电器
M0～M499　500 点	M500～M1023　524 点	M8000～M8255　256 点

（3）状态继电器 S

状态继电器,也称顺序控制继电器,是构成状态转移图的重要器件,用来记录系统运行中的状态,是编制顺序控制程序的重要编程元件,它与步进顺控指令 STL 配合应用。它常用于顺序控制或步进控制中,并与其指令一起使用以实现顺序或步进控制功能流程图的编程。状态继电器的常开和常闭触点在 PLC 内可以自由使用,且使用次数不限。不用步进梯形图指令时,状态继电器 S 可作为辅助继电器 M 在程序中使用。三菱 FX 系列PLC 状态继电器分类如表 4-12 所示。

表 4-12　三菱 FX 系列 PLC 状态继电器的分类

非断电保持状态继电器			断电保持状态继电器	报警状态继电器
初始状态继电器	回零状态继电器	通用状态继电器		
S0～S9　10 点	S10～S19　10 点	S20～S499　480 点	S500～S899　400 点	S900～S999　100 点

（4）定时器 T

PLC 的定时器 T 相当于继电器系统中的时间继电器。定时器对 PLC 内部的 1 ms、10 ms 和 100 ms 时钟脉冲进行加计数,达到设定值时,定时器的输出触点动作。FX 系列PLC 定时器分为一般用途定时器和累计型定时器。一般用途定时器分为 100 ms 和 10 ms两种分辨率。这两种属于通用型定时器,即不具备断掉保持功能,触点 OFF 或断电定时器复位。累计型定时器的分辨率为 1 ms,具有停电保持功能,触点断开或 PLC 断电时,T 的当前值保持不变;触点重新接通或 PLC 重新上电时,当前值在保持值的基础上累加计数。累计型定时器的线圈断电时不会复位,需要用复位指令 RST 将累计型定时器复位。三菱 FX3U 定时器的分类如表 4-13 所示。

表 4-13　三菱 FX3U 定时器的分类

定时器类型	非断电保持			断电保持	
	100 ms 时钟脉冲	10 ms 时钟脉冲	1 ms 时钟脉冲	100 ms 时钟脉冲	1 ms 时钟脉冲
通用定时器	T0～T191　192 点	T200～T245　46 点	T256～T511　260 点	—	—
子程序和中断程序专用	T192～T199　8 点	—	—	—	—
积算定时器	—	—	—	T250～T255　6 点	T246～T249　4 点

(5)计数器 C

在 PLC 中,计数器分为低速计数器、内部高速计数器两种。三菱 PLC 不同种类计数器的功能不同,它在执行扫描操作时对内部元件 X、Y、M、S、T、C 的信号进行计数。当计数次数达到计数器的设定值时,计数器触点动作,用于控制系统完成相应的功能。低速计数器不但可以记录来自输入端子(输入继电器)的开关信号,而且可以记录 PLC 内部其他元件的触点信号。内部计数器按其被记录开关量的频率分类,可分为低速计数器和高速计数器。计数器类型如表 4-14 所示。

表 4-14　计数器类型

计数器类型	非断电保持	断电保持
16 位递加计数器	C0～C99　100 点	C100～C199　100 点
32 位双向计数器	C200～C219　20 点	C220～C234　15 点

(6)数据寄存器 D

PLC 在进行输入输出处理、模拟量控制、位置控制时,要用到许多数据寄存器存储数据和参数。数据寄存器为 16 位,最高位为符号位。可以用两个数据寄存器来存储 32 位数据,最高位仍为符号位,分为 3 种,即通用数据寄存器、断电保持数据寄存器、特殊数据寄存器。FX3U 数据寄存器分类如表 4-15 所示。

表 4-15　FX3U 数据寄存器的分类

通用数据寄存器	断电保持数据寄存器	特殊数据寄存器
D0~D199　200 点	D200~D511　312 点	D8000~D8255　256 点

①通用数据寄存器。当 M8033 为 ON 时,D0~D199 有断电保护功能;当 M8033 为 OFF 时则无断电保护,这种情况 PLC 由 RUN→STOP 或停电时,数据全部清零。

②断电保持数据寄存器。此类数据寄存器具有断电保持功能,需要复位指令进行清零。

③特殊数据寄存器。作用是用来监控 PLC 的运行状态,比如扫描时间、电池电压等。未加定义的特殊数据寄存器,用户不能使用,具体可参见用户手册。

(7) 常数

常数 K 用来表示十进制常数,16 位常数的范围为 - 32 768 ~ +32 767,32 位常数的范围为-2 147 483 648 ~ +2 147 483 647。

常数 H 用来表示十六进制常数,十六进制包括 0~9 和 A~F 这 16 个字符,16 位常数的范围为 0~FFFF,32 位常数的范围为 0~FFFFFFFF。

2) 三菱 GX_Works2 使用简介

(1) 桌面图标

三菱 GX_Works2 的桌面图标如图 4-13 所示,鼠标单击即可进入。

图 4-13　桌面图标

(2) 软件界面

三菱 GX_Works2 软件界面如图 4-14 所示,与众多软件大同小异,主要分为菜单栏、工具栏、导航栏、程序编辑区等。

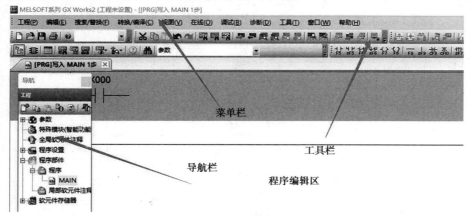

图 4-14　软件界面

（3）梯形图编辑

将光标点到程序编辑区以后，单击工具栏上所需指令或者直接输入 LD、LDI、OUT 等即可输入所需指令，也可用相应的快捷键进行输入，如图 4-15 所示。

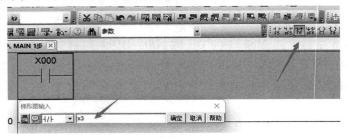

图 4-15　梯形图编辑

（4）梯形图的转换

梯形图编辑完成需先进行转换才能执行下一步，待转换的梯形图为灰色，转换完成变为白底色，如图 4-16 所示。

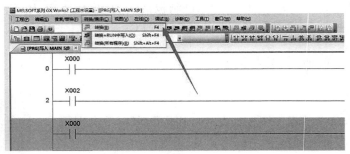

图 4-16　梯形图转换

（5）程序的下载

设置完成后，可将程序下载到 PLC 中，如图 4-17 所示。

图 4-17　程序下载

4.4.2　用 PLC 对继电器控制电路进行技术改造

为提高继电器构成的电气控制系统的可靠性,降低故障率,减少维修工作量,提高生产效率,可采用可编程序控制器(PLC),对老设备的继电器控制电路进行技术改造与升级,其基本原则及方法如下:

①一般不需要改动原控制面板各按钮、开关的功能、标识和布局,保持控制系统原有的外部特性。

②分析 PLC 控制系统的功能时,将 PLC 想象成继电器控制系统的控制箱,PLC 外部硬件接线图描述了这个控制箱的外部接线,梯形图是这个控制箱的内部"线路",梯形图的输入、输出继电器是这个控制箱与外部电路联系的"接口继电器"。将梯形图中输入继电器的触点想象成对应的外部输入器件的触点或电路,将梯形图中输出继电器的线圈想象成对应的外部负载的线圈。

③出于安全考虑和某些控制需要,有的设备外部负载的线圈除了受梯形图(逻辑)控制外,还可能受外部按钮或开关触点的控制,比如紧急停车、刀架的短时快速移动等的控制。这在技术改造时要充分考虑。

1) PLC 改造三相异步电动机长动控制电路

PLC 改造三相异步电动机长动控制电路分析见表4-16。

表 4-16　PLC 改造三相异步电动机长动控制电路分析

电路类型	PLC 改造三相异步电动机长动控制电路			
I/O 分配表		输入		输出
	X0	停止按钮(SB₁)	Y0	驱动接触器线圈(KM)
	X1	热继电器 FR		
	X2	起动按钮(SB₂)		
控制电路原理图				

续表

梯形图 参考	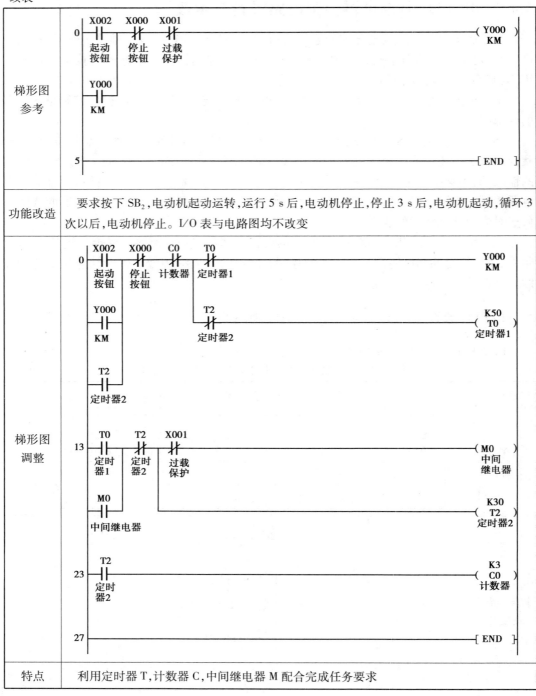
功能改造	要求按下 SB₂,电动机起动运转,运行 5 s 后,电动机停止,停止 3 s 后,电动机起动,循环 3 次以后,电动机停止。I/O 表与电路图均不改变
梯形图 调整	
特点	利用定时器 T,计数器 C,中间继电器 M 配合完成任务要求

三相异步电动机连续运转控制电路

2) PLC 改造三相异步电动机点动连续控制电路

PLC 改造三相异步电动机点动连续控制电路分析见表4-17。

表4-17 PLC 改造三相异步电动机点动连续控电路分析

电路类型	PLC 改造三相异步电动机点动连续控制电路			
I/O 分配表	输入		输出	
	X0 停止按钮 SB$_1$		Y0	驱动接触器线圈(KM)
	X1 热继电器 FR			
	X2 连续起动按钮 SB$_2$			
	X3 点动运行按钮 SB$_3$			
控制电路 原理图				
梯形图 参考				
特点	FX3U 系列 PLC 具有 S/S 端子,该端子接负,COM 端接正 24 V,PNP 接法(源型)			

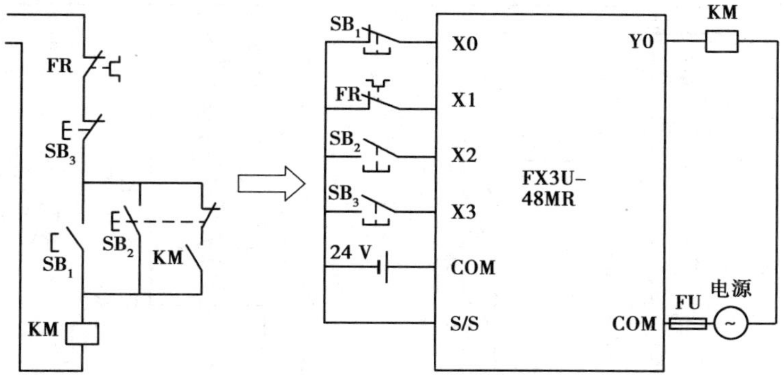

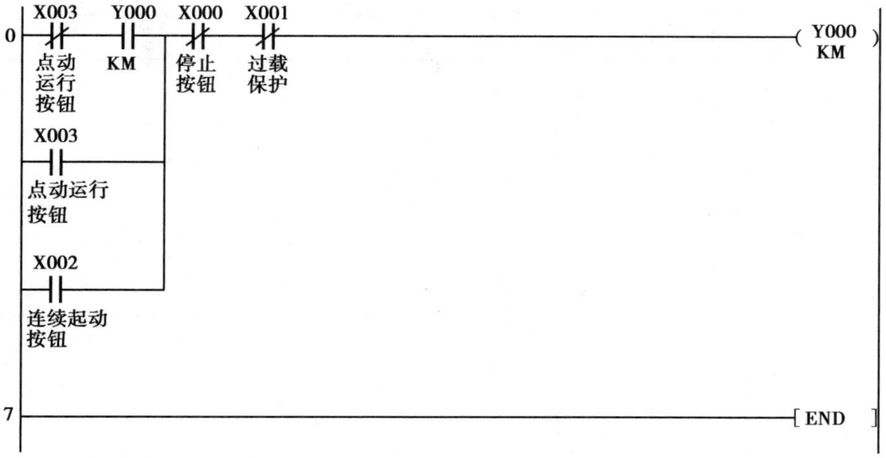

3）PLC 改造三相异步电动机正反转控制电路

（1）三相异步电动机按钮与接触器双重联锁正反转控制电路的改造

三相异步电动机按钮与接触器双重联锁正反转控制电路的改造分析见表 4-18。

表 4-18　三相异步电动机按钮与接触器双重联锁正反转控制电路的改造

电路类型	三相异步电动机按钮与接触器双重联控制电路			
I/O 分配表	输入		输出	
	X0　停止按钮（SB₁）		Y0　驱动正转接触线圈（KM₁）	
	X1　热继电器 FR		Y2　驱动反转接触线圈（KM₂）	
	X2　正转按钮（SB₂）			
	X3　反转按钮（SB₃）			

PLC 控制电路原理图

梯形图参考

续表

梯形图调整	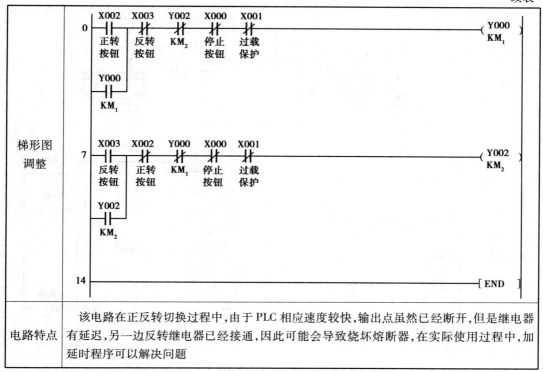
电路特点	该电路在正反转切换过程中,由于 PLC 相应速度较快,输出点虽然已经断开,但是继电器有延迟,另一边反转继电器已经接通,因此可能会导致烧坏熔断器,在实际使用过程中,加延时程序可以解决问题

(2)三相异步电动机行程开关自动正反转控制电路的改造

PLC 改造三相异步电动机行程开关自动正反转控制电路的分析见表 4-19。

表 4-19　PLC 改造三相异步电动机行程开关自动正反转控制电路分析

电路类型	PLC 改造三相异步电动机行程开关自动正反转控制电路			
I/O 分配表	输入		输出	
	X0	停止按钮(SB$_1$)	Y0	驱动正转线圈 KM$_1$(右)
	X1	热继电器 FR	Y1	驱动反转线圈 KM$_2$(左)
	X2	正转按钮(SB$_2$)		
	X3	反转按钮(SB$_3$)		
	X4	右切换行程开关(SQ$_1$)		
	X5	左切换行程开关(SQ$_2$)		
	X6	左极限位行程开关(SQ$_3$)		
	X7	右极限位行程开关(SQ$_4$)		

续表

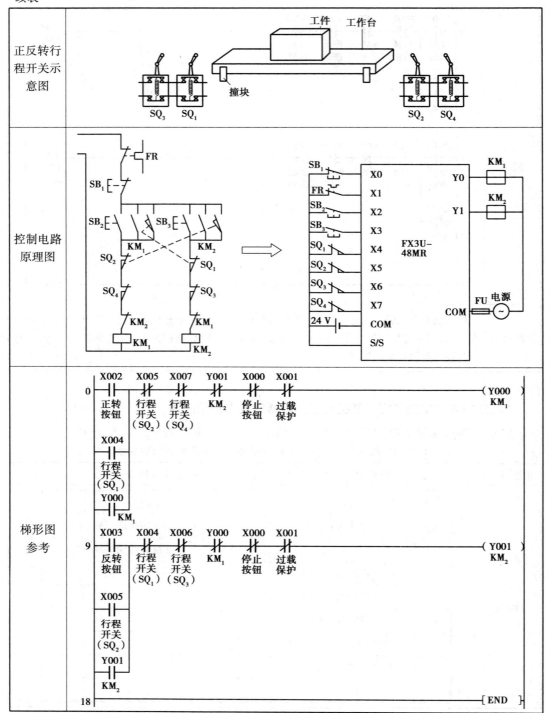

正反转行程开关示意图	
控制电路原理图	
梯形图参考	

电路特点	FX3U 系列 PLC 具有 S/S 端子,该端子接正 24 V 时,COM 端接负,为 NPN 接法(漏型),该电路由三相异步电动机行程开关自动正反转控制电路改造完成。改造之后的控制电路非常简单,接线安装维护非常便捷

4)PLC 改造三相异步电动机 Y-△ 降压起动控制电路

(1)三相异步电动机手动 Y-△ 降压起动控制电路的改造

PLC 改造三相异步电动机手动 Y-△ 降压起动控制电路分析见表 4-20。

表 4-20　PLC 改造三相异步电动机手动 Y-△ 降压起动控制电路分析

电路类型	PLC 改造三相异步电动机手动 Y-△ 降压起动控制电路			
I/O 分配表	输入		输出	
	X0　　停止按钮 SB_1		Y0　　驱动接触器(KM_1)	
	X1　　热继电器 FR		Y1　　驱动星形接触器(KM_2)	
	X2　　星形起动按钮 SB_2		Y2　　驱动三角形接触器(KM_3)	
	X3　　三角形切换按钮 SB_3			
控制电路原理图				
梯形图参考				

续表

梯形图优化	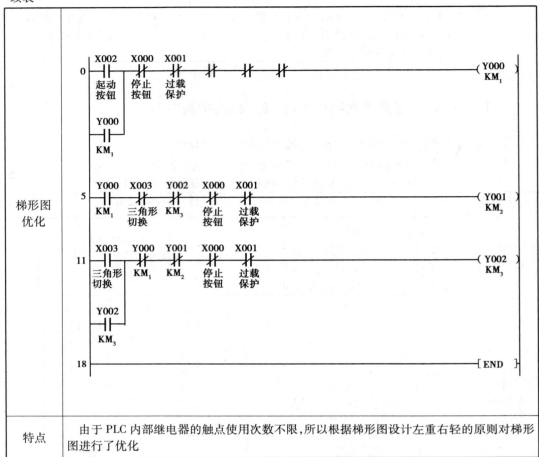
特点	由于 PLC 内部继电器的触点使用次数不限,所以根据梯形图设计左重右轻的原则对梯形图进行了优化

(2) 自动 Y-△起动控制电路的改造

PLC 改造时间继电器自动 Y-△起动控制电路的分析见表 4-21。

表 4-21　PLC 改造时间继电器自动 Y-△起动控制电路分析

电路类型	PLC 改造时间继电器自动 Y-△起动控制电路			
I/O 分配表	输入		输出	
	X0	停止按钮	Y0	驱动接触器线圈 KM_1
	X1	热继电器 FR	Y1	驱动星形接触器 KM_2
	X2	起动按钮 SB_2	Y2	驱动三角形接触器 KM_3

续表

控制电路原理图	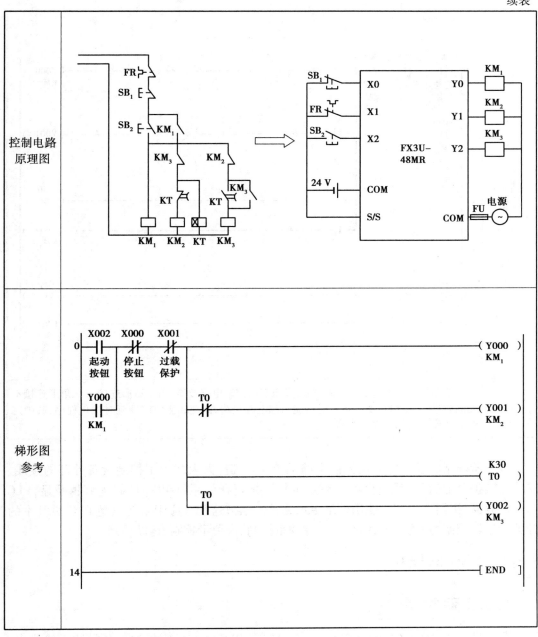
梯形图参考	

续表

梯形图优化	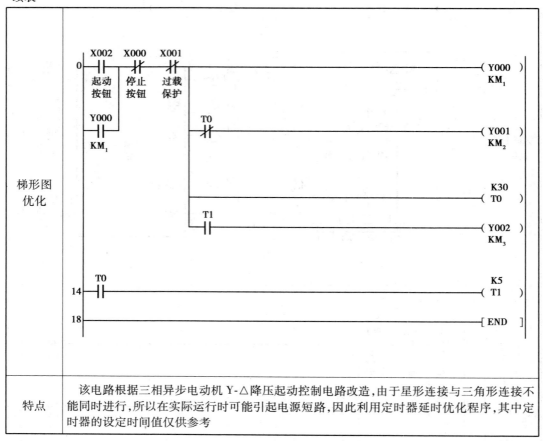
特点	该电路根据三相异步电动机 Y-△降压起动控制电路改造,由于星形连接与三角形连接不能同时进行,所以在实际运行时可能引起电源短路,因此利用定时器延时优化程序,其中定时器的设定时间值仅供参考

　　本节所选用的部分电动机控制电路的 PLC 改造,大大减少了控制设备外部的接线,安装与维护更加简单,系统也更加稳定可靠。越复杂的系统 PLC 控制优势越明显,PLC 与人机界面、机器人等配合使用效果更加完美。本节这几个应用案例只是 PLC 最基本的开关量逻辑控制,除此之外,PLC 还可脉冲量控制、模拟量控制、运动控制。

4.4.3　PLC 的使用

1)工作环境要求

　　要提高 PLC 控制系统的可靠性,一方面要求 PLC 生产厂家提高设备的抗干扰能力;另一方面,要求在设计、安装和使用维护中高度重视,多方配合才能完善解决问题,有效地增强系统的抗干扰性能。PLC 控制系统对工作环境的要求如表 4-22 所示。

表 4-22　PLC 对工作环境的要求

环境因素	PLC 的要求	应对措施
温度	各生产厂家对 PLC 的环境温度都有一定的规定。通常 PLC 允许的环境温度为 0～55 ℃	①安装时 PLC 不能放在发热量大的元件下面,四周通风散热的空间应足够大,基本单元和扩展单元之间要有 30 mm 以上间隔; ②PLC 的控制柜周围,不要安装大变压器、加热器、大功率电源等发热器件,要留有一定的通风散热空间; ③开关柜上、下部应有通风的百叶窗,防止太阳光直接照射; ④如果周围环境超过 55 ℃,则要安装电风扇强迫通风
湿度	为了保证 PLC 的绝缘性能,空气的相对湿度应小于 85%(无凝露)	环境湿度太大会影响模拟量输入/输出装置的精度。在温度急剧变化易产生凝结水珠的地方不能安装 PLC
空气	避免有腐蚀和易燃的气体,例如氯化氢、硫化氢等	对于空气中有较多粉尘或腐蚀性气体的环境,可将 PLC 安装在封闭性较好的控制室或控制柜中
振动及冲击源	应避免强烈的振动及冲击,防止振动频率为 10～55 Hz 的频繁或连续振动	当使用环境的振动不可避免时,必须采取减振措施,如采用减振胶等,以免造成接线或插件的松动
电源	PLC 对供电的可靠性要求较高,对电源线的抗干扰能力有严格的要求	在可靠性要求很高或电源干扰特别严重的环境中,可安装一台带屏蔽层的变比为 1∶1 的隔离变压器,以减少设备与地之间的干扰;还可以在电源输入端串接 LC 滤波电路。 PLC 一般由直流 24 V 输出提供给输入端,当输入端使用外接直流电源时,应选用直流稳压电源。因为普通的整流滤波电源,由于纹波的影响,容易使 PLC 接收到错误信息。 如果电源波动较大,或干扰明显,需要对电源采取净化措施。常用的措施有:
电源	PLC 对供电的可靠性要求较高,对电源线的抗干扰能力有严格的要求	①隔离变压器; ②UPS 电源; ③净化电源; ④高性能的 AC/DC 装置; ⑤稳压电源
强干扰源	远离强干扰源	采取间距、屏蔽等有效措施避免大功率晶闸管装置、高频焊机、大型动力设备等强干扰源对 PLC 的影响
强电磁场和强放射源	远离强电磁场和强放射源	离强电磁场、强放射源较近的地方,易产生强静电的地方都不能安装 PLC

2) 安装与布线

①动力线、控制线以及 PLC 的电源线和 I/O 线应分别配线,隔离变压器与 PLC 和 I/O 之间应用双胶线连接。

②PLC 应远离强干扰源,如电焊机、大功率硅整流装置和大型动力设备,不能与高压电器安装在同一个开关柜内。

③PLC 的输入与输出最好分开走线,开关量与模拟量也要分开敷设。模拟量信号的传送应采用屏蔽线,屏蔽层应一端或两端接地,接地电阻应小于屏蔽层电阻的 1/10。

④PLC 基本单元与扩展单元以及功能模块的连接线缆应单独敷设,以防止外界信号的干扰。

⑤交流输出线和直流输出线不要用同一根电缆,输出线应尽量远离高压线和动力线,避免并行。

【课堂练习】

一、填空题

1.PLC 又称可编程_____控制器。

2.PLC 输出端子的作用是连接 PLC 的各种_____。

3.输入接口的作用是接收由指令开关和传感器等发出的_____信号,并将这些信号转换成中央处理器能够接收和处理的_____信号,然后将这些信号储存起来,在适当的时候传送给中央处理器处理。

4.PLC 中央处理器 CPU 的主要作用是_____和_____用户程序。

5.由于 PLC 继电器是逻辑概念的软继电器,故它们的动合触点(常开触点)和动断触点(常闭触点)的数量_____,使用次数_____。

6.PLC 输出继电器的线圈用_____驱动,向_____输出信号或驱动_____。输出继电器动合触点(常开触点)和动断触点(常闭触点)的数量_____,使用次数不限。

7.PLC 中的辅助继电器的线圈用_____驱动,其动合触点和动断触点的数量和使用次数_____。辅助继电器的触点只能驱动_____,不能直接驱动外部负载。

8.梯形图程序的编写顺序是_____、_____。

9.用时钟脉冲为 10 ms 的定时器时计时 1.5 s,设定 K 值应为_____。

10.左母线只能直接连接触点,不能直接连接_____。

二、判断题

1.PLC 并行接口和串行接口的作用是与输入、输出接口交换信息。 ( )

2.PLC 的输入接口由输入端子和输入接口电路组成。 ( )

3.PLC 输入接口电路也称状态寄存器或输入继电器,其作用是处理输入信号,输入状态寄存器与输入端相连,每一个状态寄存器对应一个位。　　　　　　　　(　　)

4.用时钟脉冲为 100 ms 的定时器时计时 12 s,设定的 K 值应为 12。　　　　(　　)

5.可用下载命令将在计算机中编辑的 PLC 程序传送到 PLC 中。　　　　　(　　)

6.PLC 只能用于开关量逻辑控制。　　　　　　　　　　　　　　　　　　(　　)

7.晶体管输出方式的 PLC 可以驱动交流负载。　　　　　　　　　　　　　(　　)

8.传感器、按钮开关等 PLC 输入信号的电源可用内部的直流电源。　　　　(　　)

9.PLC 可与人机界面、机器人等配合使用。　　　　　　　　　　　　　　(　　)

10.为提高 PLC 控制系统的可靠性,使用时应考虑温度、湿度、振动、干扰源等因素。
　　　　　　　　　　　　　　　　　　　　　　　　　　　　　　　　(　　)

三、选择题

1.PLC 的硬件输出接口电路有 3 种输出形式,不包括(　　)。

A.晶体管输出　　　　B.晶闸管输出　　　　C.继电器输出　　　　D.二极管输出

2.PLC 的存储器不能用于存储(　　)。

A.系统程序　　　　B.用户程序　　　　C.客户数据　　　　D.数据

3.动合触点(常开触点)与起始母线连接的指令符为(　　)。

A.LD　　　　B.LDI　　　　C.AND　　　　D.ANI

4.PLC 按照 I/O 点数分类不包括(　　)。

A.小型机　　　　B.中型机　　　　C.大型机　　　　D.微型机

5.在图 4-18 中,PLC 输出电路采用的是(　　)。

A.晶体管输出　　　　B.场效应管输出　　　　C.晶闸管输出　　　　D.继电器输出

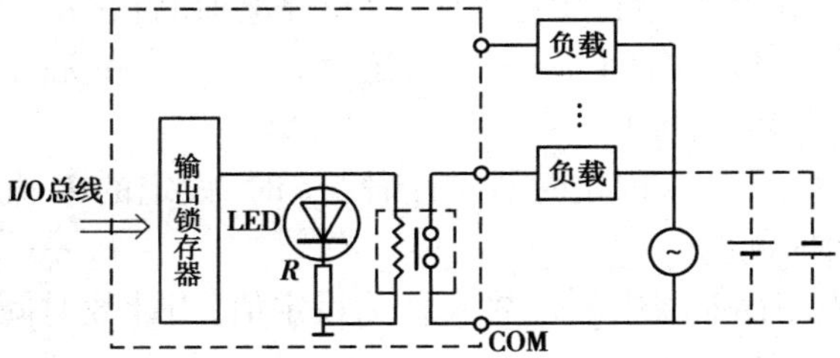

图 4-18　题 5 图

6.PLC 的输入接口电路方式不包括(　　)。

A.直流输入接口　　　　　　　　　　B.交流/直流输入接口

C.外接电源接口　　　　　　　　　　D.交流输入接口

7.PLC 的程序执行过程不包括(　　)。

A.输入采样　　　　B.程序执行　　　　C.输出采样　　　　D.输出刷新

8.PLC 的国际标准语言不包括(　　)。

A.顺序功能图　　　　B.C 语言　　　　C.梯形图　　　　D.指令表

9.在图 4-19 中,PLC 输出电路采用的是(　　　)。

A.晶体管输出　　　　B.电子管输出　　　　C.晶闸管输出　　　　D.继电器输出

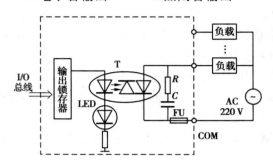

图 4-19　题 9 图

10.继电器可以驱动的外部负载是(　　　)。

A.辅助继电器 M　　　B.状态继电器 S　　　C.输出继电器　　　D.数据寄存器 D

【自我检测】

一、填空题

1.PLC 的输出接口由_____和_____组成。

2.PLC 输入端子是连接_____和_____,并向 PLC 输入信号的端子。

3.PLC 输入继电器的线圈不能用_____驱动,而是由外部的_____输入信号或_____输入信号驱动。

4.PLC 中的保持继电器又称停电保持继电器,其作用是根据控制对象的需要,使某些_____和_____在 PLC 运行中停电时,保持停电前的状态。

5.PLC 中的定时器由延时时间_____、延时_____和无数个动合、动断触点组成,定时器根据_____累计计时。

6.如果用时钟脉冲为 10 ms 的定时器时计时 5 s 时,设定的 K 值为_____,若设定 $K=150$,则计时时间为_____。

7.定时器把用户程序存储器中的常数 K 作为设定值,当计数时间达到设定值时,定时器的动合触点_____,动断触点_____。

8.PLC 在执行程序时,执行顺序为_____、_____。

9.梯形图的设计宜上_____下_____,左重右轻。

10.PLC 采用_____扫描的工作方式。

11.当计数次数达到计数器的设定值时,计数器动合触点_____,计数器动断触点_____。

二、判断题

1.时钟脉冲为 10 ms 的定时器时计时 18 s,则设定的 K 值为 18。　　　　　　　　(　　　)

2.PLC 的数据寄存器用于存储 PLC 操作数、运算结果、运算的中间结果及工作数据，它有特殊数据、断电保持数据、变址、通用数据等几种寄存器。　　　　　　　　(　　)

3.在 PLC 的梯形图程序中，元件触点可以反复出现，且次数不限，但继电器的线圈在梯形图中只能出现一次。　　　　　　　　　　　　　　　　　　　　　　　(　　)

4.将 PLC 中的程序传送到计算机中，用上载命令即可将 PLC 中的程序传送到计算机上。　　　　　　　　　　　　　　　　　　　　　　　　　　　　　　　　(　　)

5.开关量控制、模拟量控制、运动控制都可以用 PLC 实现。　　　　　　　　(　　)

6.按照功能划分，可将 PLC 分为低挡机、中挡机、高挡机。　　　　　　　　(　　)

7.利用 PLC 的数据寄存器可以进行各种加减乘除运算。　　　　　　　　　(　　)

8.继电器输出方式的 PLC 不能驱动直流负载。　　　　　　　　　　　　　(　　)

9.PLC 内部的直流供电宜用作驱动外部负载。　　　　　　　　　　　　　(　　)

10.PLC 的每一个辅助继电器 M 对应一个物理触点。　　　　　　　　　　(　　)

三、选择题

1.PLC 中定时器的时钟脉冲没有(　　　)。

A.1 ms　　　　　　　B.10 ms　　　　　　C.100 ms　　　　　　D.1 000 ms

2.梯形图程序中，各种软元件的触点可以(　　　)；软元件的线圈只能(　　　)。

A.重复出现，反复使用　　　　　　　B.使用两次，只用一次

C.使用一次，反复使用　　　　　　　D.重复出现，出现一次

3.动断触点(常闭触点)与起始母线连接的指令符为(　　　)。

A.LD　　　　　　　B.LDI　　　　　　C.AND　　　　　　D.ANI

4.典型的 PLC 硬件不包括(　　　)。

A.传感器　　　　　B.输入输出模块　　　C.存储器　　　　　D.中央处理器

5.图 4-20 中，PLC 输出电路采用的是(　　　)。

A.晶体管输出　　　B.场效应管输出　　　C.晶闸管输出　　　D.继电器输出

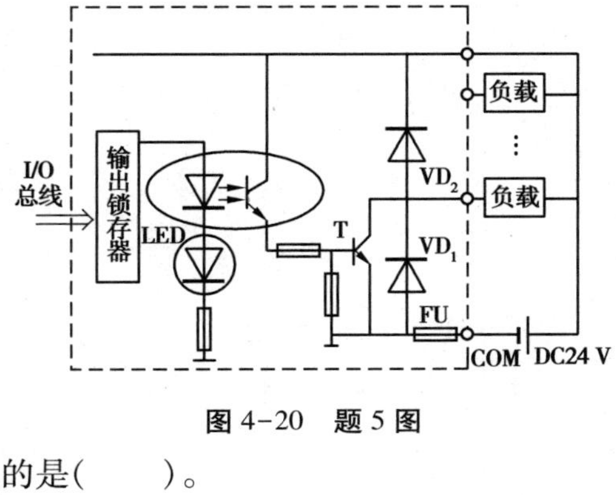

图 4-20　题 5 图

6.不属于 PLC 特点的是(　　　)。

A.可靠性高　　　　B.编程复杂　　　　C.维护方便　　　　D.通用性强

7.输出线圈的指令符为(　　)。

A.LD　　　　　　　B.LDI　　　　　　　C.AND　　　　　　　D.OUT

8.用于处理按钮、传感器等开关信号的继电器是(　　)。

A.计算器 C　　　　B.输入继电器　　　C.输出继电器　　　D.数据寄存器 D

9.下列关于 PLC 输出电路采用继电器输出的说法不正确的是(　　)。

A.响应速度快　　　　　　　　　　B.可以驱动交流负载

C.可以驱动直流负载　　　　　　　D.可以驱动交、直流负载

10.下列关于 PLC 输出电路采用晶体管输出的说法不正确的是(　　)。

A.能驱动直流负载　　B.响应速度快　　　C.动作频率高　　　D.带负载能力强

第5章

模拟考试题

【学习目标】

1. 检验学习效果。通过做模拟考试题，对自己本科目的学习效果进行自我评估，明确已经掌握的知识点和需要改进的部分。

2. 找出薄弱环节。模拟考试题覆盖了考纲要求的各类知识点，可以根据答题情况，发现知识薄弱点，以便在后续学习中加以改进。

3. 提高应试技巧。通过模拟考试，熟悉考试流程，提高答题速度，掌握答题节奏，从而更好地准备正式的考试。

4. 促进交流与合作。模拟考试可以促进交流与合作，共同探讨问题，分享学习心得和备考策略。

模拟考试题一

(完成时间:90 分钟,满分:100 分)

一、填空题(每空 1 分,共 20 分)

1.变压器的三大作用分别是_____、_____、_____。
2.单相异步电动机定子结构由_____、_____、_____构成。
3.单相异步电动机的转向与定子绕组产生的旋转磁场方向_____。
4.三相异步电动机正反转控制电路中常用的互锁方式有_____和_____。
5.三相异步电动机转子的旋转方向与旋转磁场的旋转方向_____。
6.三相异步电动机定子与转子之间的间隙称为_____。
7.熔断器在电机起动瞬间熔体便熔断,可能的原因是熔体额定电流选择过_____。
8.直流电动机的起动方法有_____、_____和_____起动。
9.笼型异步电动机的起动通常可分为_____、_____。
10.PLC 是一种具有微处理器的用于自动化控制的_____运算控制器。
11._____扫描工作方式是 PLC 的基本工作方式。
12.双速电动机控制电路一般用_____个接触器来控制。

二、判断题(每小题 2 分,共 30 分)

1.一台接在直流电源上的并励电动机,把并联的励磁绕组的两个端头对调后,电动机就会反转。　　　　　　　　　　　　　　　　　　　　　　　　　　　　(　　)
2.直流电机电枢的作用是产生感应电动势和电流并形成电磁转矩。　　(　　)
3.三相异步电动机 Y-△降压起动时,其起动转矩是全压起动转矩的 3 倍。(　　)
4.直流电机中电刷组件属于定子部分,换向器属于转子部分。　　　　(　　)
5.交流接触器的主触点用来接通或分断辅助电路。　　　　　　　　　(　　)
6.停止按钮应该串联到辅助电路中。　　　　　　　　　　　　　　　(　　)
7.三相变压器额定容量 S_N 是指变压器在额定工作状态下,二次绕组的有功功率。
　　　　　　　　　　　　　　　　　　　　　　　　　　　　　　　　(　　)
8.单相异步电动机工作绕组通入单相交流电后,会合成旋转磁场。　　(　　)
9.单相异步电动机串联外置电抗器的调速电路是利用串联分压的原理来实现调速。
　　　　　　　　　　　　　　　　　　　　　　　　　　　　　　　　(　　)
10.低压电器一般用于交流 1 500 V 或直流 1 200 V 以下的电路中。　(　　)
11.当电路发生短路、过载、欠压故障时,低压断路器都会自动跳闸,达到保护目的。
　　　　　　　　　　　　　　　　　　　　　　　　　　　　　　　　(　　)

12.单相串励电动机换向性能差,允许空载起动和运行。　　　　　　（　　）

13.电阻分相单相异步电动机起动和运行过程中,工作绕组、起动绕组都接在电路中。
　　　　　　　　　　　　　　　　　　　　　　　　　　　　　　（　　）

14.直流电动机转子通过换向器改变绕组中电流的方向,从而产生旋转磁场。（　　）

15.将一个接触器的常闭辅助触点串接在另一个接触器的线圈电路中的相互制约的控制关系称为"自锁"控制。　　　　　　　　　　　　　　　　　　（　　）

三、选择题（每小题 2 分,共 30 分）

1.一台变压器的一次侧电压 $U_1 = 380$ V,二次侧电压 $U_2 = 76$ V,二次侧的绕组匝数 $N_2 = 125$ 匝,那么一次侧的绕组匝数 $N_1 = （　　）$ 匝。

A.25　　　　　B.125　　　　　C.625　　　　　D.325

2.单相异步电动机起动形式分类中副绕组有两个电容器的是（　　）。

A.电容运转式　　B.电容起动式　　C.电阻分相式　　D.电容起动运转式

3.下图是（　　）。

A.L-1 型绕组抽头调速电路　　　　　B.L-2 型绕组抽头调速电路

C.L-3 型绕组抽头调速电路　　　　　D.T 形绕组抽头调速电路

4.直流电机励磁绕组由单独的直流电源供电的是（　　）。

A.他励式　　　B.串励式　　　C.永磁式　　　D.并励式

5.交流接触器具有（　　）。

A.欠压保护　　B.短路保护　　C.漏电保护　　D.过载保护

6.在低压控制电路中,按下复合按钮,其动合触点与动断触点的变换情况是（　　）。

A.先断开动合触点,后闭合动断触点　　B.同时断开

C.先断开动断触点,后闭合动合触点　　D.同时闭合

7.交流接触器的在电路图中用（　　）表示。

A.SB　　　　　B.KM　　　　　C.FR　　　　　D.QS

8.下列低压电器中属于主令电器的是（　　）。

A.继电器　　　B.按钮　　　　C.接触器　　　D.熔断器

9.工厂中某三相异步电动机铭牌上额定电压为220 V/380 V,其对应接法为(　　)。

A.△/Y　　　　　　B.Y/△　　　　　　C.△/△　　　　　　D.Y/Y

10.下列选项中,不属于直流电动机转子结构的是(　　)。

A.电枢铁芯　　　B.电枢绕组　　　C.换向器　　　　　D 电刷装置

11.下列选项中,不属于正反转控制电路的互锁的是(　　)。

A.交流接触器互锁　　　　　　　B.按钮互锁

C.热继电器互锁　　　　　　　　D 接触器按钮双重互锁

12.下列关于三相异步电动机的能耗制动描述正确的是(　　)。

A.对电网影响大　　　　　　　　B.制动平稳

C.制动迅速　　　　　　　　　　D.不需要外接直流电源

13.三相异步电动机 Y-△降压起动时,全压起动起动转矩是降压起动转矩的(　　)。

A.1/2　　　　　　B.1/3　　　　　　C.2 倍　　　　　　D.3 倍

14.直流电动机中,换向器的作用是(　　)。

A.改变线圈中电流的方向　　　　B.改变线圈转动方向

C.使线圈受力不变　　　　　　　D.改变磁感应线的方向

15.下列选项中,不属于电磁式继电器的是(　　)。

A.电流继电器　　B.电压继电器　　C.热继电器　　　　D.中间继电器

四、综合题(共 20 分)

1.三相异步电动机 Y-△降压起动的电路图中:按下_____使 KM、KM$_Y$闭合,KM$_△$断开,此时电动机处于_____状态。

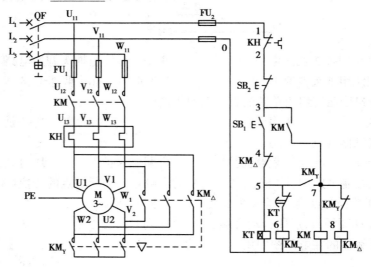

2.如下所示的电路图中,SB$_2$ 是＿＿＿＿＿＿＿按钮,SB$_1$ 是＿＿＿＿＿＿＿按钮。

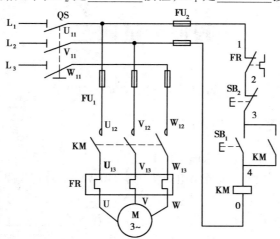

模拟考试题二

(完成时间:90 分钟,满分:100 分)

一、填空题(每空 1 分,共 20 分)

1.变压器是用_____原理工作的。

2.某低压照明变压器的一次绕组电压 U_1 为 240 V,N_1 为 660 匝,二次绕组 N_2 为 110 匝,则二次绕组对应的输出电压 U_2 为_____V。

3.低压电器通常是指工作在交流_____V 或者直流_____V 及以下电路中的电器;根据其在电路中的用途可以分为_____和_____两大类。

4.为了解决单相异步电动机起动的问题,电容式异步电动机定子铁芯上嵌有两组绕组,一组是_____,另一组是_____,它们的空间位置互差_____。

5.直流电动机在_____和_____方面具有先天优势。

6.单相异步电动机是靠_____单相交流电源供电。

7.三相异步电动机定子绕组在空间各相差_____电角度。

8.电机是用来实现_____能与_____能之间相互转换的设备,它主要包括_____和_____两大类。

9.PLC 的中文全称_____。

10.双速电动机的定子绕组在低速时是_____连接,高速时是_____连接。

二、判断题(每小题 2 分,共 30 分)

1.电机正反转控制电路常采用按钮互锁和接触器互锁的双重互锁方式来确保安全运行。 (   )

2.三相异步电动机输入三线交流电时,定子产生旋转磁场带动转子转动。 (   )

3.三相异步电动机的电磁转矩 T 与电压的平方成反比。 (   )

4.变压器可以改变交流电的频率。 (   )

5.交流接触器线圈电压过低不会造成线圈过热。 (   )

6.单相异步电动机的副绕组常与电容器相串联,从而使通过电流与主绕组电流相位互差 120° 电角度的目的,以便在通电时产生旋转磁场。 (   )

7.当变压器负载电流增大时,一次绕组的电流是不发生变化的。 (   )

8.自励式直流电动机能耗制动时,励磁绕组需要加入外加直流电源励磁。 (   )

9.三相异步电动机的磁场转速与转子转速有差值,磁场转速始终大于转子转速。 (   )

10.单相电容起动式异步电动机在正常运行时,起动绕组处于断路状态。 (   )

11.交流接触器铁芯嵌有铜短路环可用于消除吸合振动和噪声。 (   )

12.原理图中,各电器的触头都按没有通电或不受外力作用时的正常状态画出。

                                            (   )

13.直流电机中电刷组件属于定子部分,换向极属于电枢部分。   (   )

14.低压开关可以用来直接控制任何容量的电动机起动、停止和正反转。 (   )

15.电刷装置通过电刷与换向器表面之间的滑动接触,把电枢绕组中的电流引入或引出。   (   )

三、选择题(每小题 2 分,共 30 分)

1.直流电动机从静止状态过渡到稳定运行状态的过程称为(   )。

A.变频增速过程　　B.变极增速过程　　C.起动过程　　D.制动过程

2.交流接触器具有(   )。

A.短路保护　　B.失压保护　　C.过载保护　　D.漏电保护

3.熔断器在电路图中用(   )表示。

A.SB　　B.FU　　C.FR　　D.QS

4.下列低压电器中,属于开关类电器的是(   )。

A.继电器　　B.按钮　　C.组合开关　　D.熔断器

5.熔断器在电路中的主要作用是(   )。

A.漏电保护　　B.缺相保护　　C.短路保护　　D.零电压保护

6.交流接触器线圈得电(   )。

A.动断触点断开,动合触点断开　　B.动断触点断开,动合触点闭合

C.动断触点闭合,动合触点断开　　D.动断触点闭合,动合触点闭合

7.利用电流的热效应使双金属片受热弯曲而推动触点动作的低压电器是(   )。

A.交流接触器　　B.热继电器　　C.时间继电器　　D.熔断器

8.某低压照明变压器一次绕组电压 $U_1 = 220$ V,二次绕组电压 $U_2 = 55$ V,已知一次绕组中电流 $I_1 = 12$ A,则二次绕组中的电流 $I_2 = ($ $)$ A。

A.3　　B.12　　C.24　　D.48

9.三相异步电动机 Y-△降压起动时,全压起动的电压是降压起动电压的(   )。

A.1/2　　B.1/3　　C.2 倍　　D.3 倍

10.当熔断器保护一台电动机时,熔体的额定电流应是电动机额定电流的(   )。

A.0.1~0.5 倍　　B.0.5~1 倍　　C.1.5~2.5 倍　　D.5 倍以上

11.励磁式直流电动机分类中,使用两个独立电源的是(   )。

A.并励直流电动机　　B.他励直流电动机　　C.串励直流电动机　　D.复励直流电动机

12.三相异步电动机的同步转速和转子转速两者的关系是(   )。

A.相等　　B.转子转速小于同步转速

C.无关　　D.转子转速大于同步转速

13.三相异步电动机采用(   )制动时,切断三相交流电源后,应将电动机的定子绕组接入直流电。

A.反接　　B.再生发电　　C.能耗　　D.手动

14.能使用直流和交流两种电源的电动机是( )。

A.并励直流电动机 B.他励直流电动机 C.复励直流电动机 D.串励直流电动机

15.双速电动机属于( )调速方法。

A.变频 B.改变转差率 C.改变磁极对数 D.降低电压

四、综合题(共 20 分)

1.如下所示的电路图中,按下按钮_____,KM_1 的线圈处于_____状态,再按下 SB_2,KM_2 线圈处于_____状态,所以此图有_____保护功能。

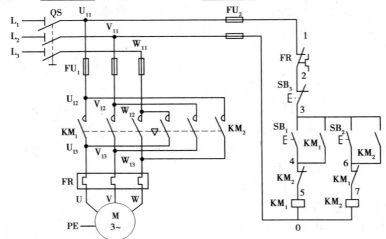

2.下图所示的三相异步电动机降压起动控制主电路中,若 QS 闭合、KM_3 断开、KM_1 和 KM_2 闭合,则三相异步电动机的连接方式为_____;若 QS 闭合、KM_2 断开、KM_1 和 KM_3 闭合,则三相异步电动机的连接方式为_____。

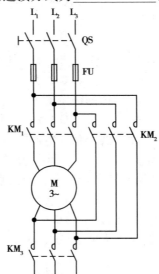

模拟考试题三

（完成时间:90分钟,满分:100分）

一、填空题(每空 1 分,共 20 分)

1.低压控制电路中常用的短路保护电器为_____。

2.在电气控制电路中,依靠交流接触器自身辅助常开触头保持接触器线圈通电的现象称为_____。

3.一台变压器的一次侧绕组匝数 $N_1 = 65$ 匝,二次侧的绕组匝数 $N_2 = 195$ 匝,一次侧电路 $I_1 = 27A$,那么二次侧的电流 $I_2 =$ _____、变比 $K =$ _____。

4.变压器是用来改变_____大小的供电设备,把某一等级的交流电压变换成相同的另一等级的交流电压。

5.笼式异步电动机的降压起动方法有_____降压起动、_____降压起动和_____降压起动。

6.三相异步电动机的制动方法有_____制动和_____制动,_____制动又分为_____制动、_____制动和_____制动。

7.单相异步电动机根据起动形式的不同,可分为_____、_____、_____。

8.双速异步电动机定子绕组接成△时,同步转速为_____r/min;定子绕组接成 YY 时,同步转速为_____r/min。

9.三相异步电动机的能耗制动可以按时间原则和_____原则来控制。

二、判断题(每小题 2 分,共 30 分)

1.当变压器的负载电流增大时,一次绕组的电流也会增大。　　　　　(　　)

2.绘制电气原理图时,所有电器元件的可动部分均按接通和受外力作用时的状态表示。

　　　　　(　　)

3.三相异步电动机正反转控制电路中常用的互锁方式有接触器互锁和按钮互锁。

　　　　　(　　)

4.如果将直流电动机的电枢绕组和励磁绕组同时反接,就可使直流电动机反转。

　　　　　(　　)

5.直流电动机的主磁极由铁芯、励磁绕组组成,作用是产生工作磁场。　(　　)

6.为了降低直流电动机的起动电流,可以采用降低电源电压的方法进行起动。

　　　　　(　　)

7.能耗制动的特点制动平稳,对电网及机械设备冲击小,而且不需要直流电源。

　　　　　(　　)

8.动断按钮可作为停止按钮使用。（　　）

9.变压器既可以变换电压、电流和阻抗，又可以变换频率和功率。（　　）

10.三相异步电动机起动转矩大是因为接入电网的瞬间转子转速和同步转速相差最大。（　　）

11.单相异步电动机没有起动转矩，不能自行起动。（　　）

12.单相异步电动机把原主绕组与电容器串联，变为副绕组；原副绕组不再和电容器串联变为主绕组，电动机将反转。（　　）

13.单相交流电通入单绕组产生的磁场是脉冲磁场。（　　）

14.换向器可以把外界供给的交流电转变为绕组中的直流电以使电动机旋转。（　　）

15.单相串励电动机能够使用直流和交流两种电源。（　　）

三、选择题（每小题2分，共30分）

1.三相异步电动机反接制动的优点是（　　）。

A.制动平稳　　　B.能耗较小　　　C.制动迅速　　　D.定位准确

2.空气开关的在电路图中用（　　）表示。

A.QF　　　B.KM　　　C.FU　　　D.QS

3.变压器的电额定容量 S_n 是指变压器在额定工作状态下二次绕组的（　　）。

A.有功功率　　　B.视在功率　　　C.无功功率　　　D.额定功率

4.电气控制电路包含主电路和辅助电路，用于通断辅助电路的是（　　）。

A.按钮开关　　　B.接近开关　　　C.行程开关　　　D.空气开关

5.工厂中某三相异步电动机铭牌上额定电压为220 V，其对应接法为（　　）。

A.△　　　B.Y　　　C.△/Y　　　D.Y/Y

6.变压器的绕组匝数 $N_1：N_2=10：1$，U_1 电压为220 V，U_2 电压为（　　）。

A.220 V　　　B.22 V　　　C.2 200 V　　　D.110 V

7.某低压照明变压器一次绕组阻抗 $Z_1=4\ \Omega$，二次绕组阻抗 $Z_2=100\ \Omega$，已知一次绕组匝数 $N_1=40$ 匝，那么二次绕组匝数 $N_2=$（　　）匝。

A.8　　　B.40　　　C.200　　　D.1 000

8.三相异步电动机 Y-△降压起动时，降压起动的电压是全压起动电压的（　　）。

A.1/2　　　B.1/3　　　C.2 倍　　　D.3 倍

9.下图所示是单相异步电动机的（　　）。

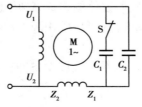

A.电容运转式　　　　B.电容起动式　　　　C.电阻分相式　　　　D.电容起动运转式

10.热继电器双金属片弯曲是(　　)造成的。

A.机械强度不同　　B.热膨胀系数不同　　C.温度变化　　　　D.温差效应

11.单相电流通入两套定子绕组产生的磁场是(　　)。

A.旋转磁场　　　　B.脉动磁场　　　　C.恒定磁场　　　　D.4 极磁场

12.若通过电动机定子绕组的三相电源的相序为 U-V-W 时,电动机正向旋转,则以下相序中能使电动机反转的是(　　)。

A.V-W-U 和 U-W-V　　　　　　　B.U-W-V 和 V-U-W

C.V-U-W 和 W-U-V　　　　　　　D.W-U-V 和 V-W-U

13.直流电动机励磁绕组产生的是(　　)。

A.旋转磁场　　　　B.脉动磁场　　　　C.恒定磁场　　　　D.工作磁场

14.直流电机电枢绕组与励磁绕组既有串联又有并联的是(　　)。

A.他励　　　　　　B.并励　　　　　　C.串励　　　　　　D.复励

15.下列对 PLC 软继电器的描述,说法正确的是(　　)。

A.有无数对常开和常闭触点供编程时使用

B.只有 2 对常开和常闭触点供编程时使用

C.不同型号的 PLC 的情况可能不一样

D.以上说法都不正确

四、综合题(共 20 分)

1.如下图所示的接触器控制电动机正转电路中,先闭合 QS,再按下 SB$_1$ 后松开,此时交流接触器辅助常开 KM 处于_____状态,电动机处于_____状态。

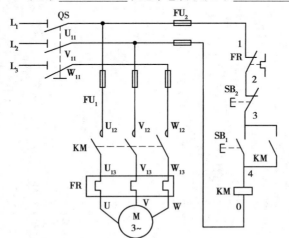

2.在如下图所示的电路图中,QF 代表_____,按钮 SB₁ 是_____控制电机运转,按钮 SB₃ 是_____控制电机运转。

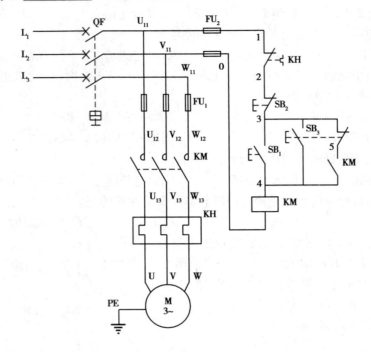

模拟考试题四

（完成时间:90 分钟,满分:100 分）

一、填空题（每空 1 分,共 20 分）

1.与交流电机相比,直流电机具有起动转矩_____,调速性能_____的优点。

2.变压器的绕组匝数 $N_1 : N_2 = 5 : 1$, U_1 电压为 220 V, U_2 电压为_____,变比 K 为_____。

3.电力变压器可以分为_____变压器、_____变压器和_____变压器。

4.PLC 一般_____（填"能"或"不能"）为外部传感器提供 24 V 直流电源。

5.绕线式三相异步电动机的起动方法有_____起动和_____起动。

6.三相异步电动机反接制动的优点有_____,_____,缺点有_____,_____。

7.为解决单相异步电动机起动的问题,定子铁芯上有两套绕组,称为_____和_____,或者称为_____和_____。它们的空间位置互差_____。

8.双速三相异步电动机定子绕组共有_____个出线端。

二、判断题（每小题 2 分,共 30 分）

1.单相异步电动机的转速越高,电动机的转差率就越大。　　　　（　　）

2.鼠笼式三相异步电动机常用的起动方法有直接起动和降压起动。　（　　）

3.变压可以对直流电进行变换。　　　　　　　　　　　　　　　（　　）

4.三相异步电动机的电磁转矩 T 与电压成正比。　　　　　　　（　　）

5.交流接触器主触头用于接通或分断主电路,同时具有自锁和联锁的作用。（　　）

6.主令电器可以直接接通或分断主电路,达到控制电动机起动、停止的作用。（　　）

7.单相异步电动机的副绕组常与电容器相串联,从而使通过电流与主绕组电流相位互差 90°电角度的目的,以便在通电时产生旋转磁场。　　　　　　（　　）

8.如果将直流电动机的电枢绕组保持不变,励磁绕组反接,就可使电动机反转。（　　）

9.电容起动式单相交流电动机在起动结束后,副绕组也要参与运行。　（　　）

10.互锁又叫联锁,是在两个线圈的支路上分别串入对方的常闭辅助触头。（　　）

11.主令电器是在自动控制系统中发出指令或信号的操纵电器,由于它是专门发号施令的,故称主令电器。　　　　　　　　　　　　　　　　　　（　　）

12.自耦变压器既可以作降压变压器使用,也可以作升压变压器使用。　（　　）

13.起动是指电动机接通电源后转速从零开始逐渐加速到正常运转的过程。（　　）

14.单相异步电动机在单相定子绕组中通入单相交流电后产生脉动磁场。　（　　）

15.换向器属于直流电机转子部分。 （　　）

三、选择题（每小题 2 分，共 30 分）

1.能改变三相异步电动机旋转方向的是（　　）。

A.转差率　　　　　　B.磁极对数　　　　　C.工作频率　　　　　D.电源相序

2.热继电器的在电路图中用（　　）表示。

A.SB　　　　　　　　B.KM　　　　　　　　C.FU　　　　　　　　D.FR

3.以下 4 种调速方式，不属于三相异步电动机的调速方法是（　　）。

A.变极调速法　　　　B.变转差率调速法　　C.调磁调速法　　　　D.变频调速法

4.PLC 梯形图逻辑执行的顺序是（　　）。

A.自上而下，自左向右　　　　　　　　　　B.自下而上，自左向右

C.自上而下，自右向左　　　　　　　　　　D.随机执行

5.某低压照明变压器一次绕组电压 U_1 和二次绕组电压 U_2 比值为 1：5，已知一次绕组中电流 $I_1 = 10$ A，求二次绕组中的电流 $I_2 =$（　　）A。

A.2　　　　　　　　　B.10　　　　　　　　C.50　　　　　　　　D.100

6.交流接触器的（　　）发热是主要的故障。

A.线圈　　　　　　　B.铁芯　　　　　　　C.触点　　　　　　　D.短路环

7.三相异步电动机的连接方式主要有（　　）种。

A.1　　　　　　　　　B.2　　　　　　　　　C.3　　　　　　　　　D.4

8.下列不属于常用低压电器的是（　　）。

A.闸刀开关　　　　　B.交流接触器　　　　C.中间继电器　　　　D.兆欧表

9.大型异步电动机不允许直接起动，其原因是（　　）。

A.机械强度不够　　　B.电机温升过高　　　C.起动过程太快　　　D.对电网冲击太大

10.三相电力变压器油箱中的变压器油的作用是（　　）。

A.传导电流　　　　　B.润滑　　　　　　　C.散热和绝缘　　　　D.降低噪声

11.闸刀开关的在电路图中用（　　）表示。

A.QF　　　　　　　　B.KM　　　　　　　　C.FU　　　　　　　　D.QS

12.热继电器的主要作用是（　　）。

A.短路保护　　　　　B.过载保护　　　　　C.失压保护　　　　　D.欠压保护

13.交流接触器线圈通电后状态错误的是（　　）。

A.主触头闭合　　　　B.辅助常开闭合　　　C.辅助常闭闭合　　　D.辅助常闭断开

14.一台异步电动机转差率较大，说明（　　）。

A.电动机运行正常　　　　　　　　　　　　B.实际转速较低

C.同步转速小于实际转速　　　　　　　　　D.同步转速变大

15.单相异步电动机定子绕组在空间上相差（　　）。

A.60°　　　　　　　　B.90°　　　　　　　　C.120°　　　　　　　D.180°

四、综合题(共 20 分)

1.在如下所示的电路图中,交流接触器 KM_1 控制电动机正转,交流接触器 KM_2 控制电动机反转;首先按下 SB_1,此时交流接触器 KM_1 主触头处于_____状态,交流接触器 KM_2 主触头处于_____状态,再按下 SB_2,此时交流接触器 KM_1 主触头处于_____状态,交流接触器 KM_2 主触头处于_____状态,电动机_____运行;图中的保护有_____和_____。

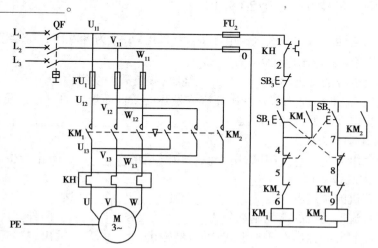

2.在如下所示的电路图中,先按下 SB_3,线圈 KM_2_____,第二台电动机处于_____状态;按下 SB_2,_____线圈得电,第一台电动机于_____状态;再按下 SB_3,KM_2 线圈_____,第二台电动机于_____状态;最后按下 SB_1,第一台电动机于_____状态,第二台电动机于_____状态。

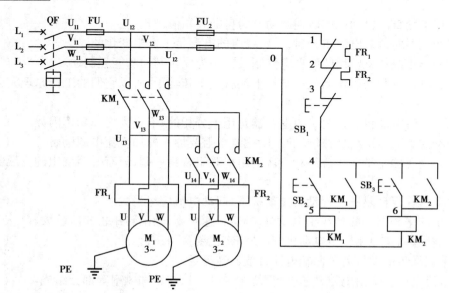

模拟考试题五

（完成时间：90 分钟，满分：100 分）

一、填空题（每空 1 分，共 20 分）

1. 某低压照明变压器的一次绕组电压 U_1 为 220 V，N_1 为 880 匝，二次绕组 N_2 为 220 匝，则二次绕组对应的输出电压 U_2 为 ＿＿＿＿＿＿V。

2. 变压器接电源的绕组称为 ＿＿＿＿＿＿绕组；接负载的绕组称为 ＿＿＿＿＿＿绕组。

3. 额定电流 I_{1N} 和 I_{2N} 是指根据变压器容许发热的条件而规定的 ＿＿＿＿＿＿线电流值。

4. 三相异步电动机的调速方法是 ＿＿＿＿＿＿、＿＿＿＿＿＿、＿＿＿＿＿＿。单相异步电动机最经济的调速方法是 ＿＿＿＿＿＿调速。

5. 换向极绕组与 ＿＿＿＿＿＿串联，用于改善电动机的 ＿＿＿＿＿＿，防止产生 ＿＿＿＿＿＿，换向极数目和主磁极数目 ＿＿＿＿＿＿。

6. 直流电动机的调速方法是 ＿＿＿＿＿＿调速、＿＿＿＿＿＿调速、＿＿＿＿＿＿调速。

7. 串励式直流电动机的能耗制动分为 ＿＿＿＿＿＿和 ＿＿＿＿＿＿两种。

8. 可编程控制器的输出有 3 种形式：继电器输出、＿＿＿＿＿＿输出、双向晶闸管输出。

9. 利用时间继电器的 ＿＿＿＿＿＿触头可以控制双速电动机起动时从低速向高速转换。

10. 主令电器主要用来 ＿＿＿＿＿＿控制电路。

二、判断题（每小题 2 分，共 30 分）

1. 单相串励直流电动机的能耗制动分为自励式和他励式。　　　（　　）

2. 当变压器的负载电流增大时，一次绕组的电流是不发生变化的。（　　）

3. 三相异步电动机常用的两种电气制动方法为反接制动和能耗制动。（　　）

4. 直流电动机和交流电动机在结构上都有定子和转子，所以它们的工作原理完全相同。
　　　　　　　　　　　　　　　　　　　　　　　　　　　（　　）

5. 单相交流电动机起动绕组串电容器是用来分相的，不是为提高功率因数。（　　）

6. 自励式直流电动机反接制动时，励磁绕组需要加入外加直流电源励磁。（　　）

7. 自耦变压器是把一次绕组和二次绕组串联组合到一起，只有一个绕组的变压器。（　　）

8. 电动机在保证足够的起动转矩前提下，起动电流应尽量大。（　　）

9. 输出功率相同的两台异步电动机，额定转速越高，输出转矩也相应越大。（　　）

10. 电容起动式单相异步电动机，起动绕组也要参与运行。（　　）

11. 单相异步电动机需要两相电流合成旋转磁场。（　　）

12. 直流电机转子由电枢铁芯、电枢绕组、换向极、转轴和风扇等部分组成。（　　）

13.保持励磁绕组两端极性不变,将电枢绕组反接,可以使直流电动机反转。　（　　　）

14.串励电动机电力制动的方法只有能耗制动和反接制动两种。　（　　　）

15.PLC 的输出继电器的线圈不能由程序驱动,只能由外部信号驱动。　（　　　）

三、选择题 (每小题 2 分,共 30 分)

1.在低压控制电路中,按下复合按钮,其常开触点与常闭触点的变换情况是(　　　)。

A.先断开常闭触点,后闭合常开触点　　　B.同时闭合

C.先断开常开触点,后闭合常闭触点　　　D.同时断开

2.按钮的在电路图中用(　　　)表示。

A.SB　　　　　　B.FR　　　　　　C.SA　　　　　　D.QS

3.下列低压电器中不属于开关类电器的是(　　　)。

A.闸刀开关　　　B.按钮　　　　　C.组合开关　　　D.空气开关

4.电气控制电路包含主电路和辅助电路,用于通断主电路的是(　　　)。

A.按钮开关　　　B.接近开关　　　C.行程开关　　　D.空气开关

5.工厂中某三相异步电动机铭牌上额定电压为 380 V,其对应接法为(　　　)。

A.△　　　　　　B.Y　　　　　　C.△/Y　　　　　D.Y/Y

6.变压器一次绕组匝数 N_1 和二次绕组匝数 N_2 比值为 1：4,那么阻抗 Z_1 和 Z_2 的比值为 =(　　　)。

A.1：4　　　　　B.4：1　　　　　C.2：1　　　　　D.1：16

7.三相异步电动机 Y-△降压起动时,降压起动的转矩是全压起动转矩的(　　　)。

A.1/2　　　　　B.1/3　　　　　C.2 倍　　　　　D.3 倍

8.一台变压器的一次侧绕组匝数 $N_1 = 75$ 匝,二次侧的绕组匝数 $N_2 = 225$ 匝,一次侧电路 $I_1 = 24$ A,那么二次侧的电流 $I_2 =$(　　　)A。

A.4　　　　　　B.8　　　　　　C.16　　　　　　D.24

9.三相异步电动机的转速越高,则其转差率绝对值越(　　　)。

A.小　　　　　　B.大　　　　　　C.不变　　　　　D.不一定

10.单相异步电动机不能自行起动的原因是(　　　)。

A.磁极对数太少　　　　　　　　　B.功率太小

C.转矩太低　　　　　　　　　　　D.空气隙中产生的是脉动磁场

11.以下不属于主令电器的是(　　　)。

A.按钮　　　　　B.行程开关　　　C.刀开关　　　　D.万能转换开关

12.以下不是电磁式继电器的是(　　　)。

A.时间继电器　　B.电压继电器　　C.速度继电器　　D.中间继电器

13.以下是电磁式继电器的是(　　　)。

A.压力继电器　　B.热继电器　　　C.速度继电器　　D.中间继电器

14.功率小于(　　　)kW 的电动机控制电路可以用刀开关直接操作。

A.4　　　　　　B.5.5　　　　　　C.11　　　　　　D.15

15.交流接触器的线圈电压过高将导致(　　　)。

A.线圈电流显著增加   B.线圈电流显著减少

C.触点电流显著增加   D.触点电流显著减少

四、综合题(共 20 分)

1.在如下所示的电路图中,QS 是_____,交流接触器 KM_2 控制电机正转,交流接触器 KM_1 控制电机反转。首先按下 SB_2,再按下 SB_1,电动机处于____状态;如果依次按下 SB_1、SB_2、SB_3,电动机处于____状态。

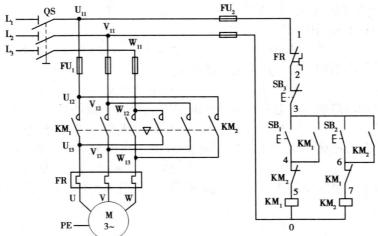

2.在如下所示的电路图中,按下 SB_2,____线圈得电,再按下 SB_3,____线圈得电,此时交流接触器 KM_1 和 KM_2 同时____,会发生严重的___故障。

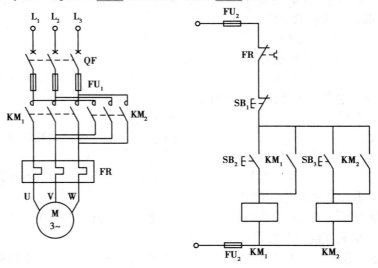

模拟考试题六

（完成时间：90分钟，满分：100分）

一、填空题（每空 1 分，共 20 分）

1. 一台变压器的 $U_1 = 100$ V，$U_2 = 20$ V，一次侧阻抗 $Z_2 = 5$ Ω，二次侧的电流 $I_1 = 4$ A，那么 I_2 是_____和 Z_1 是_____。

2. 当接触器的线圈通电时，衔铁被线圈吸合，其主常开触点闭合，辅助常开触点_____，辅助常闭触点_____。

3. 变压器最主要的用途是在_____和_____技术领域。

4. 自耦变压器一次、二次绕组之间不仅有_____的耦合外，还有_____的直接联系。

5. 异步电动机电源频率为 50 Hz，2 对磁极的同步转速为_____ r/min，6 极的同步转速为_____ r/min。

6. Y-△降压起动时，起动电流为直接用三角形连接时起动电流的_____，但起动转矩也只有用三角形连接时起动时的_____。

7. 单相异步电动机的绕组抽头调速电路常用的有_____、_____、_____。

8. 直流电动机主要由_____和_____两部分组成。

9. 直流电动机的降压起动是指起动前将电枢两端的电压_____，以限制起动_____；为了获得足够大的起动_____，需要一套可调电压的直流电源。

二、判断题（每小题 2 分，共 30 分）

1. 三相异步电动机的连接方式主要有星形连接和三角形连接。　　　　（　　）

2. 与交流电机相比，直流电机具有起动转矩较大，调速性能好的优点。（　　）

3. 交流接触器的主触点用来接通或分断主电路。　　　　　　　　　（　　）

4. 变压器初级、次级电流比等于匝数比。　　　　　　　　　　　　（　　）

5. 三相异步电动机的电磁转矩 T 与电压的平方成正比。　　　　　　（　　）

6. 自励式直流电动机能耗制动时，励磁绕组不需要加入外加直流电源励磁。（　　）

7. 交流接触器线圈电压过高或过低都会造成线圈过热。　　　　　　（　　）

8. 异步电动机在起动瞬间，虽然起动电流很大，但是起动转矩并不大，是因为起动时功率因数很低。　　　　　　　　　　　　　　　　　　　　　（　　）

9. 单相异步电动机把工作绕组或起动绕组的首端和末端与电源的接法对调，将反转。　　　　　　　　　　　　　　　　　　　　　　　　　　　（　　）

10. 双电容单相异步电动机起动后，有两个电容器参与运行。　　　　（　　）

11.直流电动机定子部分包括机座、主磁极、换向极和电刷装置。　　　（　　）

12.保持电枢绕组两端极性不变,将励磁绕组反接,可以使直流电动机反转。　（　　）

13.空气开关有短路保护,所以电路中可以都不用熔断器。　　　　　（　　）

14.交流接触器不能切断短路电流,因此通常需要与熔断器配合使用。　（　　）

15.常用的主令电器有控制按钮、行程开关、组合开关、万能转换开关和主令控制器等。

　　　　　　　　　　　　　　　　　　　　　　　　　　　　　（　　）

三、选择题(每小题 2 分,共 30 分)

1.组合开关的在电路图中用(　　　)表示。

A.QS　　　　　　　　B.FR　　　　　　　　C.SA　　　　　　　　D.SB

2.实现三相异步电动机 Y-△降压起动,应选用(　　　)。

A.时间继电器　　　B.电流继电器　　　C.压力继电器　　　D.速度继电器

3.空调通过改变异步电动机(　　　)来调速。

A.磁极对数　　　　B.电源频率　　　　C.电压　　　　　　D.电阻

4.某低压照明变压器一次绕组电流 $I_1 = 3$ A,二次绕组电流 $I_2 = 12$ A,已知一次绕组中电压 $U_1 = 24$ V,那么二次绕组中的电压 $U_2 = ($　　　$)$ V。

A.4　　　　　　　　B.6　　　　　　　　C.48　　　　　　　　D.96

5.按下复合按钮时,它的动作是(　　　)。

A.动合触点先闭合　　　　　　　　B.动断触点先断开

C.动合、动断触点同时动作　　　　D.无法确定

6.单相交流电通入单相绕组产生的磁场是(　　　)。

A.旋转磁场　　　　B.恒定磁场　　　　C.脉动磁场　　　　D.脉冲磁场

7.下列选项中,不属于直流电机转子部分的是(　　　)。

A.电枢铁芯　　　　B.转轴　　　　　　C.换向极　　　　　D.电枢绕组

8.下列选项中,不是属于低压开关的是(　　　)。

A.刀开关　　　　　B.空气开关　　　　C.组合开关　　　　D.熔断器

9.下列选项中,属于主令电器的是(　　　)。

A.倒顺开关　　　　B.行程开关　　　　C.负荷开关　　　　D.组合开关

10.行程开关的在电路图中用(　　　)表示。

A.QS　　　　　　　　B.SA　　　　　　　　C.SQ　　　　　　　　D.SB

11.下列选项中,不是电磁式继电器的是(　　　)。

A.电流继电器　　　B.电压继电器　　　C.热继电器　　　　D.中间继电器

12.组合开关控制小型电动机不频繁全压起动时,其容量应大于电动机额定电流的(　　　)倍。

A.1~1.5　　　　　　B.1.5~2.5　　　　　C.1.5~3　　　　　　D.1~3

13.按钮帽上的颜色用于(　　　)。

A.注意安全　　　　B.引起警惕　　　　C.区分功能　　　　D.无意义

14.速度继电器的作用是( )。

A.限制运行速度　　　B.测量运行速度　　　C.反接制动用　　　D.反向用

15.PLC 的系统程序存储器是用来存放( )。

A.用户程序　　　　　　　　　B.编程器送入的程序

C.用 PLC 编程语言编写的程序　　　D.内部系统管理程序

四、综合题(共 20 分)

1.在如下所示的电路图中,KH 代表_____,交流接触器 KM₁ 控制电机正转,交流接触器 KM₂ 控制电机_____,按下按钮 SB₁,KM₁ 辅助常开的状态是_____,KM₁ 辅助常闭的状态是_____,电机处于_____,此时按下 SB₂ 电动机_____反转。

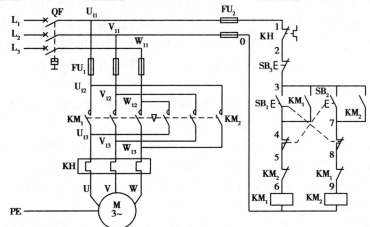

2.在如下所示的电路图中,辅助电路有_____作为保护,防止发生____故障。如果按下按钮 SB₁ 后,再按下按钮 SB₂,SB₂ 辅助_____先断开,SB₂ 辅助_____后闭合。

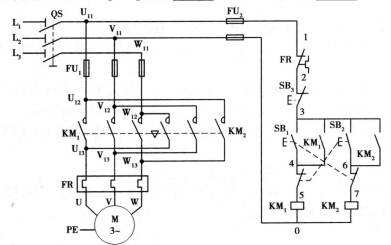

模拟考试题七

完成时间:90分钟,满分:100分

一、填空题(每空1分,共20分)

1.变压器是利用_____原理,将某一数值的交变电压变换为同频率的另一数值的交变电压。

2.对变压器铁芯的要求是_____性能要好,磁滞损耗及涡流损耗要尽量小。

3.变压器的线圈通常称为_____,它是变压器中的电路部分,小变压器一般用具有绝缘的漆包_____绕制而成,而容量稍大的变压器则用扁铜线或扁铝线绕制。

4.当加在变压器上的交流电压有效值 U_1 恒定时,变压器铁芯中的_____基本保持不变。

5.某低压照明变压器 $U_1 = 380$ V, $I_1 = 0.263$ A, $N_1 = 1\ 000$ 匝, $N_2 = 100$ 匝,二次绕组对应的输出电压为_____V,输出电流为_____A。

6.卷制式铁芯的优点是体积_____、损耗_____、噪声小、价格低。

7.当变压器的铁损耗等于铜损耗时,变压器的_____最高。

8.自耦变压器在使用时必须正确接线,且外壳必须_____,并规定安全照明变压器不允许采用自耦变压器结构形式。

9.电压互感器的二次绕组在使用时绝不允许_____。电压互感器的铁芯及二次绕组的一端必须可靠接地。

10.只要任意调换三相异步电动机其中两相绕组所接交流电源的_____,旋转磁场即反转。

11.在三相异步电动机定子绕组中通入三相交流电时,在电动机气隙中产生_____。

12.三相异步电动机具有起动电流_____,起动功率因数低,起动转矩不大的特点。

13.直流电动机与交流电动机相比,有起动_____较大,调速性能较好等特点。

14.开启式负荷开关安装时,手柄要向_____,不得倒装或平装。

15.当电路发生_____或严重过载时,熔断器中的熔体将自动熔断,从而切断电路,起到保护作用。

16.速度继电器主要用于电动机_____制动。

17.某低压照明变压器的一次绕组电压 U_1 为220 V, N_1 为660匝,二次绕组 N_2 为108匝,则二次绕组对应的输出电压 U_2 为_____V。

二、判断题(每小题 2 分,共 30 分)

1.电动机是一种将电能转换成机械能,并输出机械转矩的动力设备。 (   )

2.恒功率变频调速即在变频调速过程中,电动机的输出转矩保持不变。 (   )

3.三相异步电动机磁极对数越少,则转速越慢,输出转矩越小。 (   )

4.电容运行单相异步电动机是指起动绕组及电容始终参与工作的电动机。 (   )

5.异步电动机的转子总是紧随着旋转磁场以高于旋转磁场的转速在旋转,因此称为异步电动机。 (   )

6.转差率是分析异步电动机运行性能的一个重要参数,电动机转速越高,则转差率就越大。 (   )

7.根据主磁极绕组与电枢绕组连接方式的不同,直流电动机可分为他励、并励、串励、复励电动机。 (   )

8.可通过改变电源电压、减小主磁通、改变电枢回路的电压降等方法对直流电动机进行调速。 (   )

9.并励电动机的转速基本上不随电动机拖动的负载转矩变化而变化。 (   )

10.串励电动机的转速随电动机拖动的负载转矩的增加而迅速下降。 (   )

11.封闭式负荷开关的金属外壳应可靠接地或接零,防止意外漏电使操作者发生触电事故。 (   )

12.组合开关不允许频繁操作,当用于电动机可逆控制时,必须在电动机完全停转后才允许反向接通。 (   )

13.按钮常用于接通、分断 5 A 以下小电流电路。 (   )

14.熔断器的熔断时间随流过熔体电流的增加而迅速增加。 (   )

15.电磁式交流接触器是利用电磁吸力工作的。 (   )

三、选择题(每小题 2 分,共 30 分)

1.下列不属于三相油浸式电力变压器的组成部件(   )。

A.铁芯和绕组   B.短路环   C.油箱冷和却装置   D.保护装置

2.一台单相变压器 I_1 为 15 A,I_2 为 150 A,则变比 K 为(   )。

A.1.5   B.10   C.15   D.225

3.有关 PLC 输出类型不正确的是(   )。

A.继电器输出   B.无线输出   C.晶体管输出   D.晶闸管输出

4.下列关于变压器的叙述错误的是(   )。

A.变压器可以进行电流变换   B.变压器可以进行阻抗变换

C.变压器可以改变电源频率   D.变压器可以进行电压变换

5.某三相异步电动机定子绕组中的频率为 $f = 60$ Hz,电动机的磁极对数为 $p = 2$,那么电动机的旋转磁场为(   )r/min。

A.900　　　　　B.1 800　　　　　C.120　　　　　D.3 600

6.下列不是单相异步电动机根据起动方法的分类的是(　　　)。

A.直接起动　　　B.电容分相式　　　C.电阻分相式　　　D.罩极式

7.直流电动机的转子不包括(　　　)。

A.电枢铁芯　　　B.电枢绕组　　　C.换向器　　　D.换向磁极

8.下列关于常用低压电器的说法正确的是(　　　)。

A.按下按钮时,常开触点先闭合,常闭触点后断开

B.行程开关动作时,常闭触点先断开,常开触点后闭合

C.交流接触器常开触点和常闭触点可以同时闭合

D.时间继电器的常开触点和常闭触点可以同时闭合

9.以下开关中,(　　　)能控制的负载功率最大。

A.封闭式负荷开关　B.组合开关　　　C.倒顺开关　　　D.万能转换开关

10.下列不是熔断器特点的是(　　　)。

A.结构简单　　　　　　　　　B.体积小

C.工作可靠、维护方便　　　　D.容易误动作

11.电磁式交流接触器不包括(　　　)。

A.电磁系统　　　B.触点系统　　　C.永久磁铁　　　D.灭弧系统

12.熔断器按结构分类不包括(　　　)。

A.有填料螺旋式　　　　　　　B.晶体管熔断器

C 半导体保护熔断器　　　　　D.自复式熔断器

13.下列关于交流接触器说法不正确的是(　　　)。

A.真空交流接触器熄弧能力强、寿命长

B.电磁式交流接触器节电效果好

C.永磁式交流接触器可靠性高,不受电网干扰

D.真空式交流接触器成本较高

14.继电器按反映的信号分类不包括(　　　)。

A.电流继电器　　　B.时间继电器　　　C.热继电器　　　D.电动式继电器

15.热继电器按照动作方式分类不包括(　　　)。

A.易熔合金式　　　B.热敏电阻式　　　C.霍尔元件式　　　D.双金属片式

16.下列关于低压断路器的说法有误的是(　　　)。

A.能自动合闸　　　B.有过载保护　　　C.能短路保护　　　D.有灭弧装置

四、综合题(共 20 分)

1.如下图所示,停止按钮是_____,起动按钮是_____。

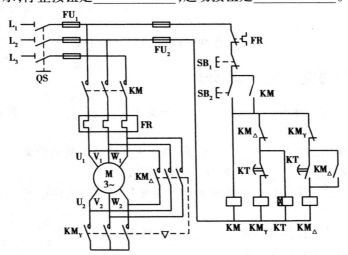

2.如下图所示,如果 KM$_1$ 是正转交流接触器,KM$_2$ 是反转交流接触器,那么正转起动按钮是_____,反转起动按钮是_____,停止按钮是_____。

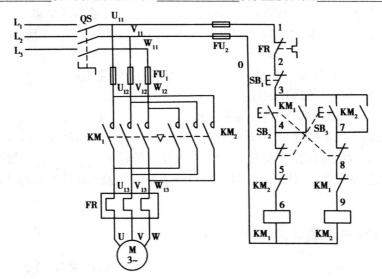

2.如下图所示,按下按钮_____,电动机星形连接降压起动,按下按钮_____,电动机切换为三角形连接全压运行。

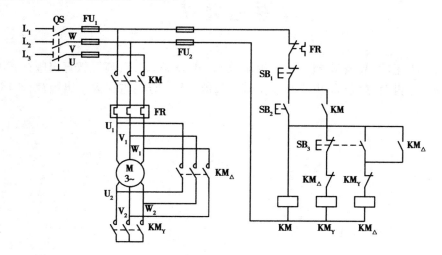

全书习题参考答案

参考文献

[1]赵承荻,王玺珍,袁媛.电机与电气控制技术[M].5版.北京:高等教育出版社,2019.

[2]杨清德,鲁世金,赵争召.电工技术基础与技能[M].重庆:重庆大学出版社,2018.